鹽選島滋味

❼ 種鹽清風土物產
❽ 位職人用鹽心法
❿ 處鹽場在地故事

作者

蔡炅樵、林嘉琪、沈錳美、陳靜宜

目錄

CONTENTS

輯二

鹽 讓風土物產發光 40

附錄

推薦語

小小結晶鹽，大大貢獻給世界

《上下游副刊》總編輯 古碧玲

聽過一個故事，當年日治初期，日本政府為了打下剽悍的原住民，勒令不准運送鹽進部落裡，他們相信不久之後，原民部落肯定會投降。豈知，經過大半年，還打不下來，原來部落裡有羅氏鹽膚木，這種帶微酸口感的植物鹽，使部落居民得以自給自足。

小小晶體的鹽，自古就是戰略物資，統治者莫不牢牢抓住鹽的販售權。鹽，對人體的生理運作十分必要，人體細胞是沉浸在含鹽的液體裡；缺鹽，勢必活不下去。食鹽，可豐可儉；古代人打魚、打獵，僅僅一把鹽既可供自己存活，還能防腐保存食物。鹽，同時是反映礦物地理學的線索，能夠產鹽的地方，相對自主權較高；鹽必須仰賴進口之處，命脈無異於掌握他人之手。大小島嶼組成的台灣物產何其豐潤，光是鹽場就從北新竹到南屏東，離島的金門、綠島、澎湖、蘭嶼各有其滋味的鹽產。白山焯焯的晒鹽場，曾是執政者極重要的稅收來源，儘管因為人工資費高企，鹽產全盛期不再，但鹽曾經與國家政策、社會發展、經濟現實三角牢牢綁在一起，具有相當重要的文化歷史地位，爬梳鹽往昔的脈絡，等於是讓我們更清楚自己歷史的血脈。

《鹽選島滋味》，既從各國的鹽味到台灣現有的鹽業品牌，了解食鹽的多樣性，梳理關於鹽的各種文獻，不僅於食鹽上有其不可替代的重要性，鹽還是無數產業不可或缺之介質。四位作者遍訪各家製鹽人的心訣，以及產鹽處的風土，更訪問運用食鹽最精的主廚，羅列了大片晾晒的海鹽之外，台灣還有馬尾藻鹽、竹鹽、瓦鹽、泥火山鹽等各種風味之鹽。

透過鹽這種物產，重新發現台灣，豈能再看自己為小？

推薦語

為台灣說故事的鹽選之人

《風土經濟學》作者 洪震宇

洲南鹽場與我有深厚關係。二〇一八年炅樵邀請我到嘉義布袋培訓農民、漁民、餐飲業者與社區工作者，在兩個月內進行五場整天的實戰課程，藉此串聯整合，規劃深度行程。結訓後我還對外召募一團兩天一夜的深度旅行，帶領旅人來體驗布袋，同時檢核培訓成果。我將這個經驗整理成「風土餐桌方法論」，成為《風土餐桌小旅行》出版的增訂版內容，《風土經濟學》也有專章討論布袋與洲南鹽場的經驗。

那趟旅行我最難忘的是在攝氏三十八度高溫下，赤腳走在炙熱的鹽場土地上，走入溫熱溼滑的鹽田，在田中撈鹽、吹海風、喝加鹽啤酒、吃著灑上鹽花的米飯。我還看到炅樵收藏上百種來自世界各地、各式各樣的鹽罐，聽他分享充滿熱情的「鹽承續」人生。

炅樵還將觸角伸向台灣各地，尋訪多位默默製鹽的鹽人、一起推動台灣鹽的復興。他們都是有故事的人，也是我對這本書最感動之處。例如：長濱以阿美族古法海水煮鹽的海鹽爺爺，車城後灣在礁岩壺穴採鹽的黑貓姊，在綠島萃取珊瑚礁鹽的田家三代，以及鹿港以桂竹燒鹽的浦田竹鹽，鹽很渺小，卻是吊百味的關鍵，提味之後，鹽卻隱而不見。這群鹽人用一股傻勁初心，運用在地風土資源製作出有獨特風味、有人生故事的鹽。書上有兩句話讓我再三咀嚼，一句是黑貓姊說的：「炒鹽就像人生，風味不斷在變化，急不得。」另一句是「煮鹽其實好像在修行」，綠島海鹽的阿成說：「要讓雜念蒸發、心緒平和，最後產出的海鹽結晶，才會清爽甘甜。」

這本書以鹽帶路、提引出台灣更細緻的風土滋味，讓我們認識這群為台灣說故事的鹽選之人。

推薦語

認識台灣「膎文化」

台灣文史作家 曹銘宗

本書有一句台語俗諺「一嘴（喙）膎配一碗糜」，讓我想起另一句台語歇後語「冤枉觀音媽偷食鹹膎——大冤」！

「膎」指中國福建沿海居民的鹽漬海產，漳音kê（注音ㄍㄝ）、泉音kuê，在清代台灣方志的用字是「鮭」，除了「魚鮭」，還有「蝦鮭」、「蚵鮭」、「蛤鮭」、「珠螺鮭」、「鎖管鮭」等。「膎」很鹹，故又稱「鹹膎」，但因發酵而有腥鮮之味，所以吃一口就可配一碗粥。觀音菩薩怎麼會偷吃「鹹膎」？真是天大的冤屈。

「膎」是早年保存海產最簡單的方法，其產生的汁液稱之「膎汁」（kê-tsiap），這是比醬油更早的高鹽調味汁液。十七世紀前來東亞的荷蘭人、英國人將之帶回歐洲，後來成為Ketchup（番茄醬）的語源。

台灣本有「膎」、「膎汁」及「魚鹵」（魚之膎汁，今華語稱魚露）的飲食文化，現已幾近凋零。鹿港老街販賣各種「膎」的攤販，一年比一年少，賣家說是因為吃的人愈來愈少。

作家吳念真在《念念時光真味》提及被遺忘的古早味「加冬仔給」，他阿公喜歡拿來配番薯飯。早年北台灣沿海居民鹽漬象魚（臭肚魚）的魚苗、裝在玻璃酒瓶做成的「加冬仔膎」，我小時候在基隆看過，後已失傳。然而，今天日本沖繩還有這道著名的風味料理スクガラス（suku-garasu）。

台灣鹽漬海產的消失，我認為主要原因是未能改良，包括製作的科學、美學，以及料理的運用、創意。如何從鹽開始，重建台灣的「膎文化」？本書讓我看到復興的契機。

推薦語

五感體驗的「鹽之書」

《台味飄撇》作者 鄭順聰

台灣鹽被認識的過程，猶如鹽花仔（iâm-hue-á），本是製鹽過程中浮於水面那短暫出現的薄薄一層，以往都被打掉，自從被外國人發現其口感與層次後，現已躍升成為高檔的調味。

對於無所不在、無餐不有的鹽，若能重新認識，口舌之間當能更為細膩地嚐到那份鹹纖（kiâm-siam，滋味）——《鹽選島滋味》就是最佳的「鹽之書」。

從古往今來於人類社會各層面之影響談起，再聚焦於台灣在地風土的特殊與美好——邊讀邊刺激五感（不只是味覺），真想親口品嚐由鹽呵護而成的各種醃筍與膎（kê，生醃海鮮）；也才知道客家人將芥菜撒入了鹽加上時間，孕生出酸菜、覆菜、梅乾菜的三代進化；更想帶一份silaw（醃豬肉），用葉子包起來掛在樹上的原住民手作便當啊。

這是本讓人大開眼界之書。

鹽來自過去，也走入現代，《鹽選島滋味》採訪各領域的頂尖職人：晒製、烹煮、家常生活、西餐與日式燒鳥，從高超且深沉的技藝中，精煉出鹽結晶那般均衡且透澈的哲理名言。

帶這本書親身去走踏，可以從知識、應用、趣味、體感、風土等五個層面來切入，既在地又國際，讓微不足道、日常不缺的鹽，透過一本書的再認識，成為五感的高檔體驗。

鹽巴可以提升甜味，因此女兒的彌月蛋糕，便請洲南鹽場將鹽晶細磨到74um以下，適合用於糕點讓甜味提升，命名為「甜點跳舞」；鹽巴可以保存美好，因此老婆與我的七周年結婚紀念日，便準備請洲南鹽場提供陳放七年的鹽晶入菜，個人命名為「七年不癢」。

這次書中談的不僅是洲南鹽場，而是整個台灣的鹽味，書寫台灣各地的鹽漬風土味與餐飲職人的用鹽技法、心法。用鹽巴進行一場台灣的小旅行？這肯定是場甜蜜美好的滋味。

飲食文化研究者 徐仲

幾年前去洲南鹽場，曾客串採鹽工，拓展了我的眼界和味覺。高蹺鴴飛起，濱水菜肉嘟嘟，夕陽赤豔如辣油，鹽地生態蒼闊壯美，霜鹽旬鹽藻鹽，鮮甘微苦，濃淡參差的各種鹹感，在舌面畫出縱橫油彩，明暗丘壑。

然而豈只調味，鹽是生命所需，風土所凝，歷史所漬。

這本書比我想像的還要豐富好玩，這根本是鹽的台灣文化史吧？除了洲南，還有各地的鹽場鹽人，日晒熬炒炭燒，珊瑚桂竹馬尾藻，諸色紛陳，各擅勝場，果然島國鹽味就像台灣言論，自由多元，滿含在地生命力。

作家 蔡珠兒

鹽對料理來講是非常重要的，它可以引誘出食材的好滋味，本書對於鹽的來源與運用，有非常深入的介紹，更是一本全方位介紹台灣風土、製鹽歷史及飲食文化的好書。就像廚房總要放鹽，建議書架上也該陳列這本好書。不時翻閱，才能增進美味的靈光。

Thomas Chien餐廳廚藝總監 簡天才

序一

鹽鄉轉型，讓世界看見台灣

嘉義縣長 翁章梁

「歡迎來嘉義迌迌（thit-thô）！」是嘉義鄉親的口頭禪，這幾年鄉親們喊得更有力量，也更驕傲，是因為嘉義縣近年著重「農工科技大縣」、「勇敢轉型」兩大發展主軸的努力成果逐漸浮現；嘉義豐沛的自然人文資源，也在各種轉型任務的驅策下，成為觀光亮點。就以「洲南鹽場」為例，「洲南」的跨域合作已開始影響台灣的產業，讓飲食、生活處處充滿嘉義味，成為嘉義縣具代表性的文創產業——這就是嘉義人的拚勁與活力的展現。

嘉義布袋曾是全台最大的鹽場，廣達兩千公頃，雖名為「布袋」，但實際範圍卻是橫跨東石、布袋、義竹三個鄉鎮，昔日沿著台十七號省道南行，兩旁盡是鹽田風光，一座座平地竄起的雪白鹽山，形成在地十分特殊的產業景觀，全盛時期多達二千名從業人員。

雖然布袋鹽業自二〇〇一年起廢晒畫下句點，但「鹽」的滋味早已深入布袋人的生命中。在中央「產業文化資產再生計畫」的支持下，嘉義縣文化觀光局向國有財產局撥用部分鹽田，二〇〇八年由「布袋嘴文化協會」承租及認養，以「洲南鹽場」重新定位開啟文化行動，讓嘉義鹽鄉的鹽田記憶活了過來，是目前台灣四處（洲南、井仔腳、安順、西園）復晒的鹽田中，唯一位於嘉義縣境內，也是唯一由退休老鹽工全程參與整建的鹽田。

有別於其他鹽場著重於鹽田的體驗與導覽，「洲南」團隊更加重視「環境教育／活動產業」，不僅嘗試將鹽田生產、鹽村生活與鹽地生態結合，還利用身體五感來設計活動，尋回「海水、土地、季風、陽光」給人的最初感動。除此之外，推出鹽花、霜鹽、粗鹽及以二十四節氣命名的旬鹽花等鹽品，並跨域與多家米其林餐廳、五星級飯店、世界冠軍烘焙主廚及傳統釀造醬油廠等合作，讓嘉義風土鹽的滋味得以深入台灣人的生活中，分享土地與生活記憶的感動。

這本《鹽選島滋味》不僅包括嘉義洲南鹽場的介紹，也涵蓋台南、金門等地的復晒鹽田及在地職人努力製鹽的故事，是第一本從鹽的角度看見嘉義的入門書；這也是一本全面深入探討台灣鹽之生活美學作品，從風土特產與飲食角度，讓人了解鹽是如何與之產生變化成為料理的靈魂。期待從本書出發，可以讓更多人看見鹽鄉的轉型與變化，也讓全世界看見嘉義活化產業的力量，邀您共賞！

序二

「好鹽台灣隊」，從嘉義出發

嘉義縣文化觀光局長 徐佩鈴

鹽，是料理美食中，不可或缺的「最佳配角」。

鹽，只有讓自己消失於無形，才能成就一道料理的美味與風味。

鹽，不管是下廚前備料輕漬「入味」，料理過程中拌菜入湯「調味」，或盛盤上桌後沾撒「提味」；一小匙的鹽就能畫龍點睛，點亮餐盤裡雞鴨魚肉、時蔬果菜等食材的美麗靈魂。

鹽為看天、看水吃飯的傳統產業，嘉義與台南因獨特的氣候與地理條件，鹽業發展別具風味，曾為台灣六大鹽場之一的布袋鹽場，歷經產業轉型，今以「洲南鹽場」活化再出發，從鹽田荒廢、文資再生到文化創生一路走來十七年，「洲南鹽場」不僅是嘉義鹽產業的領頭羊，也在餐飲圈建立起台灣海鹽的專業品牌形象。

近年來台灣餐飲界興起一股「台灣風土趨勢」，包含對在地食材、綠色餐飲、產地與餐桌、料理美學、食品科學、飲食文化等議題的重視；將風土飲食做為一種生活風格的展現，也受到讀者的高度關注。為讓大眾進一步了解嘉義縣人文風土的獨特性，認識和大都市截然不同的產業特色，從二〇二二年起嘉義文觀局便攜手洲南鹽場，一同建構「台灣鹽」的風土論述，這一次期望透過專業的出版規劃，以文化價值再創商業產值，共同推動人文與環境的永續發展之形象。

《鹽選島滋味》是一本以「風土鹽」為主題的生活美學專書，涵蓋風土滋味、料理美學、技藝復興三大方向，以圖文並茂、深入淺出的編排方式，讓食材最佳配角「鹽」變身為舞台主角。內容深刻探討「地方／食材／鹽」的三者關係，了解台灣在地住民是如何運用鹽讓地方物產發光；飲食界各領域專家分享他們的用鹽心法，揭示了鹽不僅是工具、也是魔力；以及台灣現有四處復晒鹽田，洲南如何運用自己的經驗創意，號召全台小鹽農一同訴說鹽的故事……。

希望大家在閱讀這本書時，能重新認識「台灣鹽」的在地價值，與國際對接、世界的鹽對話，如飲食作家葉怡蘭所說：「法國葛宏得的鹽之花帶來清新、明亮的感覺；而台灣洲南鹽場的鹽之花，比前者風味要來得更濃厚強壯。」猶如走進鹽之殿堂的台味指南，讓我們看到一小顆鹽如何突破渺小尺寸的限制，放大鹽轉化的力量。

徐佩鈴

自序

讓台灣鹽文化在當代呼吸

蔡昊樵

「……海水為誓、鹽山為盟！期待有那麼一天，讓我們再一起來晒鹽吧！」

我在二〇〇六年碩論「鹽業後生產情境的文化建構」謝誌中，如此浪漫的寫著；但當時的我，還無法預知後來的我，竟然真的會用十幾年的人生，來實踐碩論中靈光閃現的預言／夢想。

我是嘉義布袋洲南鹽場的晒鹽人兼執行長，行走文化江湖外號「洲南鹽承續」。人說五十知天命，來到這年紀之後，才慢慢理解到：原來我這一生的志業，是台灣「鹽」文化的傳「承」跟永「續」，所以就簡稱「鹽承續」了。

還很年輕時，我在報社主跑嘉義海區的地方新聞，這裡是我的故鄉，也是我重新被文化啟蒙的地方。那時我搭上社區總體營造剛剛興起的潮流，跟一群朋友組成了「布袋嘴文化工作室」，開始關注布袋的人文、產業、歷史等議題；其中有一件大事，就是台鹽即將在二〇〇二年廢晒，台灣三百多年的天日晒鹽終究唱起「無鹽的結局」。

盡管鹽田廢晒讓我心裡有點遺憾、不捨，卻也無能為力去改變什麼，只能到鹽田拍拍「遺照」或寫寫文章做紀念；就這樣，我帶著因廢晒而「過不去」的生命難題與情結，去雲科大文化資產維護研究所讀書、思考、做田野調查……。

我在碩論的後記還寫著：文化資產如果會讓人感到幸福、值得珍惜，不只是因為她們「本質上」很美麗、很有歷史價值、很有知識、很有文化意義，而是因為她提供了一個相當具有開創性、開放性的機會，可以讓許多人去努力、去追尋，並且在實踐的過程中，發現生命、發現自己活著的意義與價值！

二〇〇八年因文化部「產業文化資產再生」計畫的支持，我們開始整建洲南鹽場，接著受到嘉義縣文化觀光局「地方文化館」計畫補助。一路走來十七年，或許是因為打下深厚的「文化底蘊」來對接商業市場，我們終於／竟然／真的把曾經被時代淘汰、被進口取代的台灣日晒海鹽，重新送進許多人的家常餐桌，也賣進許多米其林餐廳，甚至還有方塊酥、蘇打餅、爆米花等幾款聯名商品。

洲南鹽場慢慢站穩腳步後，開始環島拜訪台灣各地的製鹽職人，一年又一年累積了情感與信任基礎；我不認為「同行相忌」，甚至我相信「打群架」比「釘孤枝」更能打開共同市場。二〇二二年我邀請台灣各地的鹽職人與知名主廚、飲食文化專欄作家，來洲南聚會辦論壇；隔年我把各家鹽品推薦給五星級晶華酒店，推出「侍鹽師」特別套餐；今年又邀請大家一起到SOGO忠孝館，在一場地方風物展中打出「台灣鹽選隊」共同概念品牌。

「台灣鹽選隊」是個很奇妙的美好經驗，這些原本在各地帶著浪漫理想製鹽的職人們，在高張力的商業情境中，彼此相互幫忙、建立夥伴關係、革命情感；也在跟消費者的社會溝通中，建立了鹽職人的專業形象與技術驕傲，同時也讓消費者在現場驚豔的品嚐了——哇！原來，鹽不只鹹味，還有不同風味啊！

真的，這些年來，我最常被問到的問題是：

「日晒海鹽跟精鹽、玫瑰鹽，風味有什麼不同嗎？」

「海鹽要怎麼使用？怎麼搭配食材？」

「超市貨架上哪一款鹽比較好？吃海鹽會比較健康嗎？」

甚至明明都已經來到鹽田參訪了，還是有人會問：「你們鹽場有在晒鹽嗎？有賣鹽嗎？鹽是怎麼晒出來的？」……

這些消費者的真實提問，讓我深深覺得：應該要有一本書來解答，而且必須從民眾日常生活的實用性出發，兼顧到島嶼台灣的主體性、因風土環境差異而來的「文化味蕾」多樣性，以及餐桌上「食品科學／料理美學」的知性與感性。

簡單，那就來寫一本書吧！

不簡單，是因為出版專書有很多挑戰要克服！

謝謝老天爺與土地公的照顧豐收，也謝謝島嶼台灣的海水、土地、季風與陽光。

謝謝產製每一顆台灣鹽的職人朋友們，也謝謝洲南鹽場辦公室主任沈錳美，我們一起多次拜訪各地鹽職人，她寫下本書輯三「製鹽技藝華麗轉身」，說出大家摸索「鹽究」的心路，難免困惑、挫折、猶豫，但仍堅持走過來的生命故事。

謝謝資深飲食旅遊專欄作家及策展人kiki林嘉琪，也謝謝寫過多本台灣飲食文化專書的作家「台菜天后」陳靜宜，透過兩位共同作者的採訪書寫，以輯二「鹽讓風土物產發光」與輯四「職人指尖那一撮鹽」，讓我們看見鹽是如何保存並創造了各地的風土滋味；也看見鹽在料理美食中，如何展現神奇魔法。

最後，要謝謝嘉義縣文化觀光局的經費支持，在內容上給予最大的自由度，鼓勵洲南鹽場成為台灣鹽文化的「領頭羊」；當然，也要謝謝遠流台灣館的編輯團隊，讓這本書展現最好的圖文內容與視覺設計。

鹽，是廚房裡不起眼卻很重要的調味料，彷彿空氣般若有似無的存在感，但缺少了可不行；我們期待《鹽選島滋味》這本書，讓台灣鹽文化重新回到日常生活，在當代呼吸。

蔡炅樵

輯一 穿越千年時空的鹽

鹽是繼火用於食物之後，
第二個重要的「發現」——
不僅可以用來保存食物，
也讓食物更美味好吃了。

鹽在料理食用及醃製保存等加工品上，
有著鹹味、風味、美味等重要的作用；
人們的汗水及血液都是鹹的，
是因為人的體液約有百分之零點九是鹽分，
人體內建了對鹽的「渴望機制」，
有鹽才會健康。

從地球科學的角度來看，
鹽是大自然奧妙的傑作。
為什麼海水是鹹的？

為什麼許多內陸湖泊也是鹹的？
為什麼世界各地有許多埋藏地底下的鹽礦？
人們慢慢摸索出各種製鹽、取鹽及利用之道：
讓靠海的，有海鹽；
內陸的，也有機會挖取礦鹽。

鹽的民生必要性，
也讓鹽在全世界的政治、軍事、工業、
貿易、稅收及交通等舞台上，
扮演了舉足輕重的角色。
而在台灣與日本的民俗文化中，
鹽又有淨身、避邪的用途，
或者說鹽具有某種能量可以淨化磁場。

別小看一顆鹽，
它已經從日常生活的物質性功能，
轉化出心理性、社會性的意涵了。

01 地球真奇妙，鹽從哪裡來？

地球上為什麼會有鹽？人類如何取得鹽？鹽又有哪些種類呢？鹽是存在於自然界的礦物，人類取得鹽的方式主要分為海鹽（日晒、熬煮、工廠精製）、湖鹽（包括泉鹽、地下鹵水等）與礦鹽（井鹽、岩鹽等）三大類。除了供人們食用，其他用途還包括食品加工、水處理、道路除冰、農業、工業，甚至民俗信仰等。海洋是地球上最大的鹽庫，全球各地海水中的鹽分濃度不同，一般來說海水裡約有百分之三點五是鹽分，含有鎂、鈣、鉀、鐵及硫酸鹽等微量元素，其他都是水了。目前全世界每年產鹽約二億多公噸，由於生產成本較低，以岩鹽占比最多，約占全球鹽產量百分之四十一，湖鹽及地下鹵水占百分之二十九，海鹽只占百分之二十六，其他約占百分之四。

為什麼海水是鹹的？

從地球科學的觀點來看，海鹽的成因最常見的說

南美洲玻利維亞的烏尤尼（Uyuni）有世界上最大的鹽湖，是著名的觀光景點。

法是：地球形成初期，頻繁的火山活動造成大量氣體從地殼中釋出，氣體中的氯與陸地岩石風化後沖刷入海的鈉、鉀等離子，在高溫環境下接觸而形成「氯化鈉」；另有一說是，來自地殼岩石受風化崩解後，釋出各種鹽類物質，由河水帶到海洋裡，所以海水是鹹的；此外亦有可能是來自海底的火山。但不管為何，分布於內陸湖泊或地層下的大量鹽藏，其實都來自海洋，且與地殼變動有關。例如：岩鹽是古代的海洋或鹽湖，由於水分蒸發及長時間沉積而固化的鹽礦，且因混雜鐵、鈣、鎂等多種礦物質，而呈現顏色與風味的差異，通常經由採礦法取得岩鹽。另外如死海等鹹水湖，是漂移的板塊將海水封閉於內陸形成海水湖泊，死海因長期的蒸發濃縮，含鹽量平均高達百分之二十至三十。

許多植物也富含鹽分，諸如台灣高山的原住民，會取用向陽坡地上的「羅氏鹽膚木」，剝取果皮做為食鹽代用品；而台灣海邊常見的海馬齒莧（濱水菜、豬母菜）、裸花鹼蓬（鹽定），也曾經是平民鹽分的攝取來源。

鹽是怎麼產製出來的？

礦（岩）鹽不管是露出地表或埋在地下，均採直接挖掘法；湖鹽也可從地表直接採收；至於海鹽，世界各地因地理、氣候等條件不同而有差異，但基本上可分為蒸發與結晶兩階段。通常先引海水在土地上接受陽光曝曬、海風吹拂，讓海水從波美三點五度（即含鹽量百分之三點五）一路蒸發濃縮變鹹；到波美二十五度時，再繼續日晒或以火源加熱熬煮，鹽（氯化鈉）就會因過飽和而結晶出來。

現今隨著工業化時代的進步，發展出多種海水淡化技術，包括RO逆滲透法、多級閃化蒸餾法及離子交換膜電透析法等，使鹽成了海水副產品。（文．蔡炅樵）

02 健康，人體液百分之零點九是鹽

人們的汗水、淚水、血液還有尿液，都是鹹的，因為人的體液中有百分之零點九是鹽分；人體其實內建對鹽的「渴望機制」，以確保攝取足夠的鹽分。

鹽是氯化鈉的化合物，從醫學觀點來說，鈉離子在人體中擁有許多功能，包括維持體內水分及酸鹼值平衡、調節滲透壓、傳達肌肉與神經的刺激感、促進碳水化合物和蛋白質的新陳代謝等；氯離子則可以活化某些酶，形成胃酸幫助消化、增進食慾。炎熱的夏天或劇烈運動時，因不斷流汗失鹽，造成身體脫水和電解質缺乏，讓散熱機制失去控制而導致中暑；而運動流汗喝水，若不加點鹽，則會再度稀釋體內的鈉含量。

有鹽分才健康

日常飲食是人體攝取鹽的主要來源，衛福部建議健康成人鈉攝取量為每日二千四百毫克，換算成食鹽量大約為每日六公克；世界衛生組織建議每天鹽的攝取量大約是五公克。但人們在正常三餐飲食生活中，往往很容易超過建議值，因為除了料理時加鹽，很多食材本身就有鈉含量。此外，運動後大量流汗或炎熱夏天，就適合吃鹹一點，補充流失水分後身體所需的鈉。

人體健康不能缺少鹽，但反過來若鹽分攝

日常飲食是人體攝取鹽的主要來源，世界衛生組織建議每天鹽的攝取量大約是5公克。

取過多，也會造成腎臟過度負擔，或引起高血壓。市面上常有販售低鈉鹽或減鹽醬油，以鉀離子代替鈉離子，慢性腎臟病患者選擇時應多加注意，才能吃得安心。

在中醫治病用藥，也常會用鹽做為「藥引」，尤其是治腎藥材在炮製過程中加鹽炒過，可以增強藥效。另外，炒鹽加熱外敷可以舒筋、加速血液循環，腹脹以炒鹽熱敷有助於腸胃蠕動，也可以用食鹽水內服來催吐。

食鹽要加碘嗎？

食藥署規定，未添加碘化鉀或碘酸鉀的包裝食用鹽品，都應註明「碘為必需營養素，本產品未加碘」，但這句警語常造成消費者困惑。由於一九五〇年代，台灣東部及北部山區居民出現俗稱「大脖子」的甲狀腺腫患者，經調查認為與體內缺碘有關，所以於一九六三年實行食鹽全面加碘。當年缺碘造成甲狀腺機能不足，但時代的文明病是甲狀腺機能亢進；其實多吃海菜、昆布、蛋等含碘較多的食材，也是可行的方法。

（文・蔡炅樵）

03 調味，鹽是料理的靈魂

鹽，是料理中最常使用的調味料；有人說，鹽是料理不可或缺的「最佳配角」，也有人說鹽是「料理的靈魂」。但鹽往往得讓自己消失於無形，才能成就一道料理的美味與風味。

例如：炒菜煮湯時加入鹽，攪拌之後，鹽消失了，但菜與湯卻變好吃了；或者台灣人吃牛排除了搭配醬汁，多數餐廳會特別提供一小撮玫瑰鹽，好不容易鹽有了視覺感與儀式感，但人們往往會說牛排美味，卻不會說鹽巴好吃，因為大塊牛排才是主角。

莎敏．納斯瑞特（Samin Nosrat）是一位廚師、電視主持人、美食作家，她在《鹽油酸熱》一書中提到：在所有食材中，鹽對於食物的風味是最具影響力的。使用得當，鹽能緩和苦味、提升甜香、促進芳香，構成飲食經驗的亮點。引領台灣在地食材風潮的江振誠主廚，在他「八角哲學」的其中一角，就是「讓所有人都容易接受的調味料，鹽」，所以鹽永遠不是主角，但料理沒有鹽卻不行。

撒鹽去青脫水，醃製越瓜脯。

馬鈴薯沾鹽可提升美味。

用鹽保存，意外的風味

鹽，「為什麼」會讓食物變好吃？或者說鹽「如何」讓食物變好吃？

這需要從「食品科學」與「料理美學」兩個角度來理解。基本上，鹽透過物理與化學作用，改變了食材的質地與風味。在廚房還沒有冷藏、冷凍設備之前，人們是使用鹽或糖來醃製保存食物，同時也為食材帶來特殊風味。

肉類加鹽醃製，便有了各種風味的臘肉、香腸、火腿等；蔬菜類加鹽，可以製作菜脯、鹹菜、梅乾菜、酸白菜、泡菜等；奶類加上鹽，便有了起司；若是海鮮水產加了鹽，則可製作各種魚乾、漬物，以及台灣人過年時很愛吃的烏魚子；若是豆、穀類加上了鹽，可以釀製醬油、味噌、鹽麴等。

鹽以一千零一種變形進入食材，並以「滲透壓」原理脫去魚肉蛋白質與蔬菜裡的水分，防止細菌滋生，進而保存食材，這是鹽的最基本功能；然而神奇的事情就發生在那個過程中，食材裡的蛋白質、澱粉、酵素等成分，隨著時間有了不可思議的化學變化，各種風味物質不斷轉變、轉化，讓人們喜愛或者厭惡。

用鹽水浸泡再一夜風乾的虱目魚。

鹽與食材，料理小祕訣

鹽在料理過程中扮演了重要的「調味」角色，彰顯食物的滋味，影響食材的質地與口感，並與其他滋味相輔相成。烹調時任何關於鹽的選擇或決定（加多少？何時加？如何加？），都與促進食物風味有關。例如：「泡鹽水」可以讓瘦肉變得多汁；但如果是在肉類的表層直接「抹鹽巴」，透過烘烤或乾煎則能讓外皮酥脆。

海鮮類食物的纖維較短，鹽的滲透壓作用較快，一般只需在煎魚前五到十分鐘抹鹽淺漬，就足以引出香氣，保留海鮮最佳的口感。

雞蛋吸收鹽分的速度很快，能使蛋白質在較低溫時被煮熟，且能讓蛋食保水、濕潤柔軟。如果要做炒蛋、歐姆蛋或烘蛋，可在料理一開始就加鹽；煮水波蛋時，可在整鍋滾水中加鹽；帶殼的水煮蛋或是煎蛋，可以在食用時直接撒鹽提味。

大部分的蔬菜和水果的細胞之中含有人類無法消化的碳水化合物，稱為果膠；透過料理烹煮時加鹽，有助於軟化果膠。翻炒蔬菜時在鍋裡加鹽，或水煮川燙蔬菜時在水裡加鹽，除了均勻的鹹味讓蔬菜好吃，鹽也同時讓蔬菜保持漂亮色澤；若是改變用鹽時間點，在川燙蔬菜呈盤後再撒上鹽，則鹽的顆粒感在咀嚼時碎開，會在口中與食材一口一口結合、提味，每一口都有不同層次滋味。

鹽刺激味蕾，放大風味感受

鹽與食物的各種物理、化學作用，奠基於食品科學的「客觀知識」；但鹽為食物到底帶來了怎樣的美味，卻往往是每個人舌間上的「主觀感受」。

在醫學研究中，鹽的鈉離子可以「傳達肌肉與神經的刺激感」。也就是說，食物中加了適當的鹽，能刺激舌間味蕾的神經傳導作用，能夠更敏感、更放大、更有效率的接受食材的氣味分子，因此我們大腦才會覺得食物好吃或不好吃，帶來心理上的愉悅感，同時也在生理上，滿足了人體天生就對鹽分的「渴望機制」。

（文・蔡炅樵）

將鹽攪拌黃豆入缸製作醬油。

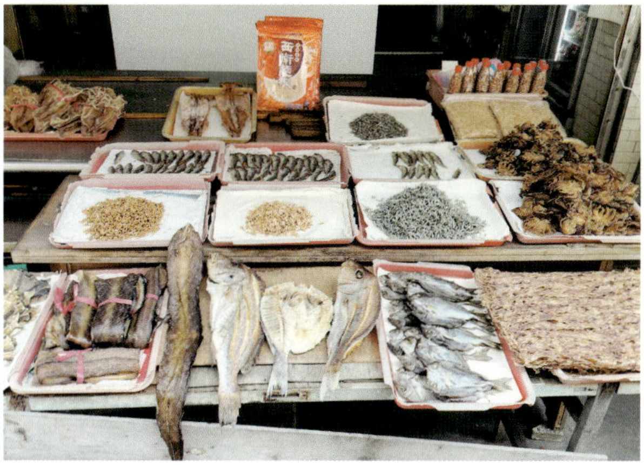

澎湖的菜市場有各種海鮮乾，靠近時海味香氣迎面撲來。

04 貿易，製鹽、財富、鹽之路

取得並使用鹽，是人類進入文明社會的象徵之一。從料理食物、保存食材等各種使用，尋求鹽產地來採鹽、製鹽，然後銷售、貿易交換帶來財富，一直是重要的課題。蘇格蘭經濟學家暨哲學家亞當史密斯（Adam Smith）在《國富論》中指出，有價值的東西幾乎都可以當作貨幣使用，「據說鹽在阿比西尼亞，是用來做為商業交易的」。

美國暢銷書作家馬克．庫蘭斯基（Mark Kurlansky）在《鹽：人與自然的動人交會》一書中指出：西元前二千八百年，埃及人開始以鹹魚跟腓尼基人交易許多物品。鹽對於古希伯來、希臘、羅馬、拜占庭和埃及人來說，是珍品也是重要的貿易品，當時人們會把鹽經地中海船運，或運經特地為鹽而建的道路，或是以駱駝隊伍穿越撒哈拉沙漠。

賣鹽致富，運鹽之路

馬克．庫蘭斯基還指出：在西元六到九世紀時，威尼斯的製鹽技術出現了「分格晒池」的重大突破，產量大增；到了十三世紀時，威尼斯已是國際商業中心，威尼斯商人發現賣鹽比製鹽更能帶來利潤。發展到十四至十六世紀時，進口到威尼斯的貨物裡，鹽就占了百分之三十至五十；所有的鹽都必須接受政府機關的管制，發給商人的賣鹽執照裡，會載明出口數量、目的地及販售價格。隨著「威尼斯商人」所到之處，都試圖壟斷鹽的供給，控制當地鹽業，有的甚至乾脆買下鹽場。

台灣清代台南富豪吳尚新，以從事配銷今台南、嘉義的「吳恆記」食鹽販館而致富；日治鹿港望族辜顯榮，是「台灣官鹽賣捌組合」第一任組合長（相當今日商業工會理事長）——兩人都曾經從鹽商再跨足製鹽產業。

鹽的貿易需要海陸運輸，因此世界各地都有運鹽的重要道路，如橫貫義大利中部的薩拉利亞大道／鹽之路（Via Salaria），是古羅馬帝國第一條大道，連接羅馬到義大利半島東側亞得里亞海岸的阿斯科利（Ascoli）港。台灣也有幾條「挑鹽古道」，以前苗栗通霄沿海地區的人們，會將台南船運而來的鹽，先以牛車載運到鹽館埔（為鹽之集散地），再以肩挑方式將鹽、糖、魚貨等商品，運送至苗栗市、公館、大湖、銅鑼等聚落，回程時再將山區的農產挑回海區村落銷售。這條彎曲山路砌石一千二百多階，被稱為「礱鉤崎」，而古道通往三義的山嶺被稱為「挑鹽崎」，地名至今依然存在。另外，彰化社頭與南投名間之間，也有一條當地人稱為「十八彎仔」的挑鹽古道，地勢迂迴曲折。

（文・蔡炅樵）

台灣鹽曾大量從高雄港13號碼頭輸往日、韓、東南亞，如今已蛻變成光榮碼頭。（圖片來源《中國鹽政實錄第六輯》）

苗栗通霄的挑鹽古道，可遙想昔日先民篳路藍縷之艱辛。

05 政治，鹽稅、戰爭與自由

鹽稅與專賣，一直是引發人類歷史動盪不安的重要關鍵之一。

鹽稅，是國家光明正大以鹽的銷售來直接抽稅，例如：一九四二年中國大陸徵收鹽稅十四億三千餘萬元，居國稅收入之首，比關稅、貨物稅及直接稅還高，成為中日戰爭主要的財源。專賣，則是指民間產製鹽後，由官方強制徵收並寓稅於價，再由政府自己賣（國營事業），或交給特定經銷商來銷售（壟斷寡占）。

一七八九年發生法國大革命，起因之一為當時徵收高昂鹽稅，導致鹽務官署首先被攻擊；法國第一共和國成立後，國民議會立即宣布廢除鹽稅，但諷刺的是，後來拿破崙成為皇帝，又再度宣布課徵鹽稅以滿足戰爭開支，直到一九四五年法國鹽稅才廢除。

歷史上為「鹽」而戰的例子

馬克．庫蘭斯基在《鹽》一書中提到：哥倫布的航海活動就是利用西班牙南部的鹽稅資助；威尼斯曾與熱那亞為鹽而戰，並贏得勝利；中國黃帝與蚩尤的涿鹿之戰，是為了爭奪山西解池的池鹽；中國春秋時期，管仲在齊國實施專賣，使鹽利「百倍歸於上」；漢昭帝邀集數十位大臣辯論是否應該專賣，最後編成《鹽鐵論》一書。

羅馬帝國在世界各地都有發展鹽業，藉由武力征服接收了許多凱爾特人在高盧及不列顛的鹽場，也接收了腓尼基人和迦太基人在北非、西西里、西班牙、葡萄牙的鹽場，至今被指認屬於羅馬帝國的鹽場超過六十多處。

美國南北戰爭時，北方已有較好的製鹽產業，但南方仍以從英國進口為主。由於鹽是很重要的軍事物資，用於軍糧、食物保存甚至是傷口消毒之用等，於是北軍的戰略之一，就是選擇南方的鹽場做為攻擊目標，一路摧毀鹽場或直接封鎖港口。

為了反抗英國的殖民統治，一九三〇年印度聖雄甘地與支持者發起「鹽的真理之戰」（Salt Satyagraha），在印度西海岸經過二十幾天、長達三百九十公里的步行，走到丹地（Dandi）海邊採鹽，凸顯英國對印度製鹽產業的惡劣管制及食鹽專營制度的不合理；甘地的「不合作主義」運動精神激勵了人民，因此「食鹽進軍」是印度脫離英國殖民重要的里程碑。

另一位人權、民主領袖南非總統曼德拉曾說過：「讓所有人都擁有工作、麵包、水和鹽吧！」他在這句話中表達了能讓每個人都擁有鹽，是自由、也是最基本的人權。

（文・蔡炅樵）

圖為台南七股頂山的鹽警槍樓，已登錄為歷史建築，見證台灣鹽業專賣、駐警防衛鹽田的歷史。

06

宗教，訓義、除穢、祈好運

《聖經》〈馬太福音5：13〉說：「你們是世上的鹽。鹽若失了味，怎能叫它再鹹呢？以後無用，不過丟在外面被人踐踏了。」〈利未記2：13〉提到：「凡獻為素祭的供物都要用鹽調和；在素祭中，不可缺少你與上帝立約的鹽。一切的供物都要加鹽獻上。」〈馬可福音9：50〉中提到：「鹽本是好的，若失了鹹味，你們怎能用它調味呢？你們中間要有鹽，彼此和睦。」這些聖經中的語句，是以鹽在日常生活中的防腐、調味等功能，來對應比喻立誓約、和睦人際等意涵。而在回教與猶太教中，除了相信鹽可以防衛惡魔之眼，也會用鹽來封住契約，表示約誓不會也不能腐壞或被改變。

民俗的鹽，有科學小常識

在台灣的信仰與民間習俗中，鹽有兩種常

台南鯤鯓王平安鹽祭典，請道長誦經敕鹽。

見的使用情境：撒鹽米除煞與過火鋪鹽。通常邪祟之氣較重時，道長或法師會在儀式中抛撒白鹽與白米，而且一定要使用日晒粗鹽才有效。若以民俗意義來解釋，白鹽與白米都是日晒而來，飽滿吸收天地陽剛正氣，恰好可以對比暗黑邪祟穢氣，達到正邪／陰陽／黑白平衡；若以科學角度來看，鹽在空氣中會吸收水氣，改變（或稱淨化）空間的溫度與磁場，達到對人體較為舒適的乾濕平衡狀態。

而過火儀式，通常是燃燒相思木到一定程度後大量鋪撒一層粗鹽，讓信徒脫鞋打赤腳，抬著神轎、抱著神明快速從火堆上跑過，見證神威顯赫、祈求合境平安。從民俗來說，粗鹽在這過火儀式中有著淨化火堆的意涵；但從物理科學現象來理解，其實是讓鹽裡的水分被蒸發來瞬間降溫，而厚厚一層的粗鹽，也隔絕腳底與高溫的木材餘燼直接接觸，避免被燙傷。

台灣民間在拜天公、宴王祭祀、神明祝壽時，會準備「薑、紅豆、鹽、糖」四樣供品，分別代表「山、珍、海、味」，意味信徒的誠意與供品澎湃；布農族許多禁忌之一，是在家人過世的五天守喪期內不能吃糖、鹽、辣椒及花生。

日本也有許多鹽的習俗，如相撲選手在比賽前，要先撒鹽祈福；在不受歡迎的客人離開後，於房子四周撒鹽去除穢氣；或者於門口玄關置放一小碟塑成圓錐形的鹽，稱作「盛り塩」，有著帶來好運，去除厄運的意思。

（文・蔡炅樵）

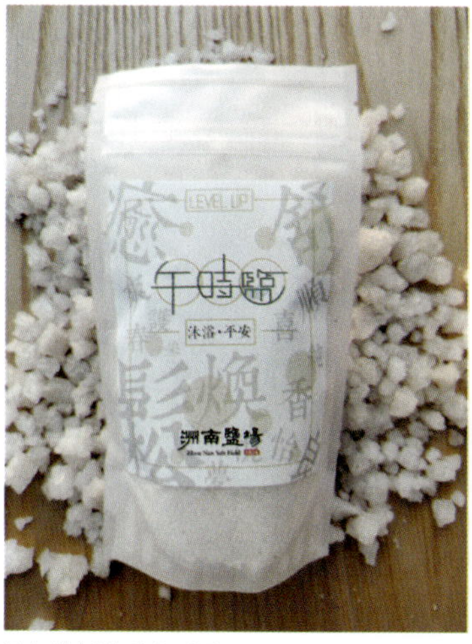

端午節採收的午時鹽，可以用來沐浴淨身。

敬獻四款「薑、紅豆、鹽、糖」，分別代表「山、珍、海、味」。

07 語文，鹽的密碼與隱喻

許多英語或歐洲語系文字裡，有著鹽salt字根sal-的密碼。工作「薪資」的英文Salary一字，來自拉丁文Salarium，因為古羅馬士兵領的軍餉不只是金錢，標準配給中還有一包鹽；英語片語中的worth one's salt是指一個人很「稱職」，earn one's salt是指「賺錢」。拉丁字sal後來轉化為法文solde，意思是「付錢」，這也是「士兵」Soldier字的來源。

Salad（沙拉生菜），是以鹽來醃製或調理食物；Salami（薩拉米／義大利香腸／醃漬肉品）是歐洲一種風乾豬肉／牛肉香腸，名稱來自義大利動詞Salare，是「加鹽」的意思；問候用語Salute（祝你健康）、Salve（向您問安），還有羅馬神話裡專管治病的「健康女神」名叫Salus，這些字都藏了sal-（鹽）在裡面。原因為：鹽是生活與健康必需品，生命的起源也和鹽息息相關。

鹽是世界共通語言

台灣話有句俗語「做官清廉，吃飯攪鹽」，字面上的意思很容易懂，但背後還可以衍伸出三個涵義：一就算窮到沒錢買菜配飯，至少鹽可以讓白飯變好吃；二鹽的價格不太貴，人人買得起；三若無法飲食均

生菜沙拉英文Salad就是從鹽Salt字根變化而來。

衡取得足夠營養，起碼也要吃鹽來維持人體的基本健康。

還有一句常說的台灣俗語「過橋較濟你行路，食鹽較濟你食米」，背後涵義是「我在菜餚雖然只吃到少許調味用的鹽，但累積起來比你三餐主食米飯還多，當然我的人生閱歷比你豐富多了，我的建言你要好好聽進去」。

台灣旅居義大利的飲食文化作家楊馥如，她很喜歡一句義大利諺語：「一盤好吃的沙拉，需要四個人來成就；智者放鹽、土豪添油、小氣鬼加醋，最後讓瘋子來攪拌。」因為智者「謹慎」，加鹽會特別小心，過猶不及都會壞事。總之，所有調料充分「融合」，才能讓人盡情享受！

在德語中有句「Sich das Salz in der Suppe verdienen」，字面的意思是在湯裡得到鹽，衍生的比喻是「取得他人的信任」；有句英語片語「take something with a grain of salt」，意思並不是真的要拿起一把鹽，而是引申為對某事要「半信半疑」，不要完全相信或接受。

「貓食鹽，穩死的？」許多養貓咪的人很在意這句話，這不是說貓完全不能吃鹹的食物，而是指貓咪和狗的皮膚上沒有汗腺，所以體內的鹽分必須經由腎臟排出體外。一但鹽的攝取過多，則會對貓的腎臟造成負擔，再加上貓不太愛喝水，很可能因此導致腎臟相關疾病。所以，貓咪只需要從食品中攝取鹽分就可以了，若直接讓貓吃鹽，那後果可能就不妙了。

（文・蔡炅樵）

在歐美喝酒舉杯時會說Salute，就是健康之意。圖為布袋洲南鹽場「舉杯，敬下海的夕陽」活動照片。

08

生活，鹽是萬能小幫手

鹽在工業化的年代，據說有一萬四千多種用途，其中氯鹼工業高達百分之六十，因為電解食鹽水可以得到苛性鈉與氯氣，這兩者都是現代化學工業很重要的原料，廣泛運用在布料定色、陶瓷、塑膠、造紙、石化、玻璃等工業製程；食用及食品工業約占百分之十九，道路融冰占百分之十一，另外則是畜牧、一般工業及其他用途。

在高緯度下雪地區，會在道路撒上大量的鹽來溶化冰雪，其原因是鹽會降低冰水的凝結點（水的冰點是0℃，但飽和鹽水的冰點大約是-20℃）。雪地剛撒上鹽時，只有一小部分冰雪會因鹽的「潮解作用」化為鹽水；初融的雪水會溶化更多的鹽，所以越來越鹹的「鹽雪水」其結冰點會不斷降低，不容易再結凍，於是冰雪就會一直溶化成鹽雪水，其效果除了避免雪塊阻塞道路，也避免雪水再次結冰造成人車打滑，這樣就能提升道路安全了。

鹽在日常生活中的小妙用

在廚房料裡食物，若不考慮風味的喜好，加一小撮鹽可以使牛奶保鮮更長時間；在咖啡裡加點鹽，可以去除咖啡的酸味，或是拿鐵奶泡上撒鹽，微鹹口感也頗受歡迎；用鹽水清洗蔬菜，比較容易去除蔬菜和其他農產品上的汙垢；把雞蛋放在鹽水杯子裡，比重原理會讓壞掉且產生氣體的不新鮮雞蛋浮起來；蘋果削皮切塊後泡一下鹽水，可以防止蘋果裡的「多酚氧化酶」氧化變色；同樣道理在打果汁時，也可以加一點鹽喔。

在醫藥健康小常識上，生理食鹽水可做為點滴注射補充體力，也可以用來清理傷口殺菌、預防感染，在傷口上撒鹽會很痛，但在抗生素還沒被發明的年代，疼痛總比感染、壞血好；被蜜蜂螫傷時，如有刺痛感，可用鹽水塗抹；清洗隱形眼鏡用的也是生理食鹽水。鹽還可以加入牙膏裡或直接用來清潔牙齒，或減緩牙齦酸痛；喉嚨疼痛不舒服時可以用鹽水漱口，減少口腔內的細菌和潰瘍；鹽水混合小蘇打可製成鼻腔沖洗液，有助於防止感冒病毒，緩解鼻腔季節性過敏或鼻竇症狀。

鹽是很棒的清潔劑，衣服不小心沾灑了紅酒或深色果汁，撒鹽靜置幾分鐘後再用水沖洗，乾淨而且沒有任何毒性；沾有汙漬的杯子，可以用鹽除去杯子上的茶漬或咖啡漬；用檸檬汁加鹽搓手，然後用水沖洗，可以去除手上的魚腥味；油膩的鐵鍋放一點鹽，用紙巾擦一下就很容易洗淨了；鹽與小蘇打泡成液體，有不錯的除鏽效果；露營時在營地周圍或者帳篷入口處撒鹽，可以防止螞蟻和一些爬行小昆蟲進入。（文．蔡炅樵）

鹽焗台灣鯛，包覆鹽以均勻加熱並帶來風味。

竹鹽牙粉，可用來潔淨與保健。

輯二

鹽 讓風土物產發光

撒一把鹽，
慢慢等待一甕醃菜、一塊肉、
一缸海螺的風味轉化。
台灣各地物產豐收時，
常以鹽來醃製保存食材，
進而發展出屬於當地的「風土滋味」。

本輯探討「地方/食材/鹽」三者的關係，
以及最佳製作時機與不同的飲食習慣。
環島記錄下濁水溪、南投山區、
台江海口庄、花東海岸、
蘭陽平原及澎湖海島等各地，
如何運用鹽醃漬釀食材，
讓地方物產發光，
成就台灣飲食文化的重要拼圖。

澎湖人用鹽封存島嶼的風味，
日常餐桌上常見——
「高麗菜酸炒魚頭」、「珠螺膎」；
花蓮豐濱部落阿美族人到田裡工作，
會帶著「喜烙（silaw，醃豬肉）」配糯米飯；
客家人聚餐時，常用冬天醃漬成的酸菜
燉煮「酸菜鴨肉湯」，滿足了一家子的胃；
一顆顆金黃飽滿的金棗，
宜蘭人常用鹽和糖醃漬成
風味不同的蜜餞當零嘴……

鹽製保存食
不僅點亮在地住民的餐桌，
發展出獨樹一幟的風土飲食，
甚至透過譜寫料理味的故事，
還能編列出
一部族群的飲食文化史！

海島澎湖鹹

日曝、訄風和醃漬，濃縮鹹味的島嶼飲食

被海包圍的澎湖群島夏季酷熱、冬日冷冽，地表上每年都循環交替著烤晒和強風的激烈考驗，海面下因為有黑潮支流和眾多島嶼之間潮水的撞擊，帶來豐富的海洋資源。被海養大的澎湖人，則把烈日、寒風以及在冬日飄散空氣間的鹹水煙等嚴苛的氣候，轉化成大自然的烹飪工具。

海島人們懂得運用「曝乾」（phȧk-kuann，晒乾）、「訄風」（khau-hong，吹風），發展出晒魚、晒小管干、石鮔干（章魚乾）、高麗菜乾、花椰菜乾等保存食，不僅能保鮮，濃縮後的海鮮、蔬菜鮮味明顯，入菜烹煮後更滲透出𩟗香來。

在這被海水環繞的海島上，物產及料理手法幾乎與台灣本島不同，至今留有鮮明的地方飲食文化輪廓。如果來到澎湖，可以透過社區營造團隊「深耕文化工作坊」安排客製化餐旅行程，有機會跟著「澎湖嚐鮮」或「秋芳媽媽私房手作」等在地居民走逛市場、了解海菜鹽炒製，或跟地方媽媽一起用海砂炒花生、做「高麗菜酸」……，這些穿行在產地及日常的飲食活動，是帶有時間感的風土文化，讓島嶼更立體。

用鹽封存島嶼風味

澎湖資深「海女」許秋芳，經常在傍晚退潮時提著簍筐，走進潮間帶撿拾珠螺、厚殼仔等螺貝，從少女到阿嬤，這輩子的生活都依海為生，她的年齡有如座

在澎湖常見以鹹水燙煮過的魚鮮，擺列在竹蓆上晒乾的情景。像這樣經由鹽煮、日曝、齟風的保存食，風味濃縮，鮮鹹耐放。

標，標識出她對家鄉澎湖飲食文化的深度及廣泛的理解。採集海鮮、摘採蔬菜後的她，用鹽封存了島嶼風味，她親手做的「珠螺膎（kê，指鹽漬的食物）」、「高麗菜酸」、「臭肉膎」，還原島上的古早味，她的日常餐桌家常樸實，一日三餐正好拼湊成澎湖飲食原味直接的特色。

走進馬公市區的北辰市場，攤子上的石老魚、珠螺、石斑、臭肉魚、四破魚、澎湖絲瓜、紅新娘仔、紅魚仔、珠蔥、仙人掌果實、海菜等海鮮蔬果十足「澎湖風格」，海島限定的物產別處少見，除有生鮮食材，攤上還有經鹽水煮過與晒乾的各式魚乾、發酵酸瓜和日晒花菜乾等。來一趟北辰市場，有如欣賞一座建置山裡土壤、潮間帶到海洋的菊島生態模型。

結束忙碌的市場採買行程，許秋芳回家快手煮出一鍋「金瓜小管米苔目」，先剝下臭肉魚乾、小管一夜干入鍋煸香，倒入切塊的金瓜（澎湖南瓜）炒過，加入高湯、米苔目，起鍋前再加上新鮮小管，小管一轉成粉紅色要立即熄火上桌。熱騰騰的金瓜湯，有了魚鮮乾貨日晒濃縮滲鹹的風味助拳，滋味濃醇甜香。

酸瓜仔、高麗菜酸和臭肉膎，保存食物好過冬

島嶼氣候乾燥少雨、岩盤地質多沙，由於土壤多是由玄武岩風化崩解覆蓋成土，「園肉」（意指菜園裡的土壤）薄薄一層，雖然礦物質豐富，但作物生長艱困緩慢，在地蔬

潮間帶潮起潮落，乾溼交替，帶來大量豐富螺貝，是餵養澎湖家庭日常飲食的重要場域。

果澎湖稜角絲瓜、蘆薈及仙人掌、白膜花生等都因為生長緩慢、累積儲存養分，而有風味濃郁的滋味。

早期的島民「生食都無夠」，但還是要儉腸凹肚（台語，意指縮衣節食、省吃儉用），勤快地保存食物好過冬。從酸瓜盛產的五月份開始以鹽醃漬「酸瓜仔」、「高麗菜酸」，許秋芳說：「高麗菜大出（盛產）時，價格就跌，為了不要辜負農民辛苦栽種的食物，醃製好的高麗菜三週後可以開吃，也因耐放可慢慢吃，一點都不浪費。」她把帶梗切塊的高麗菜放入土甕，在放涼的米泔水中加鹽調勻，再澆進甕裡完全蓋住葉菜，發酵漬熟的蔬菜沁出酸香的汁液，用來燜煨魚塊、炒肉絲或燉煮成海島系的酸菜白肉鍋，鮮酸津潤，使人胃口大開。製作酸瓜時，要用筷子把食材塞進寶特瓶裡，發酵後蔬果會把瓶子撐得鼓鼓的。許秋芳千萬交代，取用時不要直接開瓶，要先刺一個小洞洩壓，以免開蓋時「酸瓜氣爆」。

澎湖還有一種快要消失的「豉膎」（sīnn-kê，醃漬品），做法是在夏天時，把盛產的生臭肉魚、丁香加鹽入罐，等待冬日開甕時「臭香」撲鼻，撈出來已熟透的臭肉魚色澤胭脂粉紅，味道濃鹹下飯，剩下的鹹魚汁也是寶，可以用來沾花生、蔬菜，用法類似潮汕地區或越南的魚露調味概念。可以吃上一整年的「臭肉膎」，也是零浪費的全魚料理，正好迎上永續飲食的風潮。

（文・林嘉琪）

前排罐裝保存食右起為酸瓜仔、花椰菜酸及高麗菜酸，像把菜園鹽封起來好過冬。

馬公市區的北辰市場，可見各式經鹽煮再日晒的魚乾。

鮮酸津潤的「高麗菜酸」

●**步驟1**｜高麗菜剝去外層壞葉，以十字切法讓一塊菜葉都帶梗，才不會散開，放置一天脫水後，接著放入陶甕。

●**步驟2**｜取洗米水，加鹽拌勻後倒入甕裡，水量要蓋過蔬菜。

●**步驟3**｜再以石頭重壓，存放室溫中大約2週就完成發酵。高麗菜酸醃好後，可放冷凍保存半年。

澎湖資深「海女」許秋芳的家庭料理，有如考究澎湖的風土。

Info

澎湖嚐鮮

●電話：0931-974667

●創辦人傅靜凡，以澎湖綠金海菜炒製「海菜鹽」，研發出澎湖在地特色的風土鹽，推動無農藥契作，增加產品價值，展開保存澎湖飲食文化。

深耕文化工作坊

●電話：06-9923713

●深耕文化工作坊長期投入澎湖的社區營造工作，以「深耕、活力、新視野」的自我期許，推動各項社區工作。

秋芳媽媽私房手作

●電話：0912-779742

●秋芳媽媽1957年生，製作一手屬於澎湖的好味，如高麗菜酸、珠螺膎、福冬卷，其對食材的堅持、品質的講究讓人感受到職人精神。

一層魚一層鹽的「臭肉膎」

●**步驟1**｜6月到9月盛產新鮮的臭肉魚。要做臭肉膎時，不能過生水，要以乾淨海水或鹽水沖洗過。

●**步驟2**｜取一玻璃罐，在底部鋪上一層鹽、再鋪上一層魚，鹽魚相疊，一層又一層地密實排放到滿，避免空氣進入。

●**步驟3**｜密封後放置約4個月到半年，到了冬至時魚肉已粉色熟透、醬汁濃厚，魚肉可取出直接食用，怕味道重的就搭配薑末或白醋，或者蒸過再食，魚汁可以用來搵花生或配糜「攪鹹」吃光光。

潮間帶保存食「珠螺膎」

●**步驟1**｜用鐵鎚輕敲生珠螺，保持螺肉完整、殼略為鬆脱。

●**步驟2**｜第一次撒鹽放置12小時以上，讓螺肉脱水變得緊實較容易完整取出。

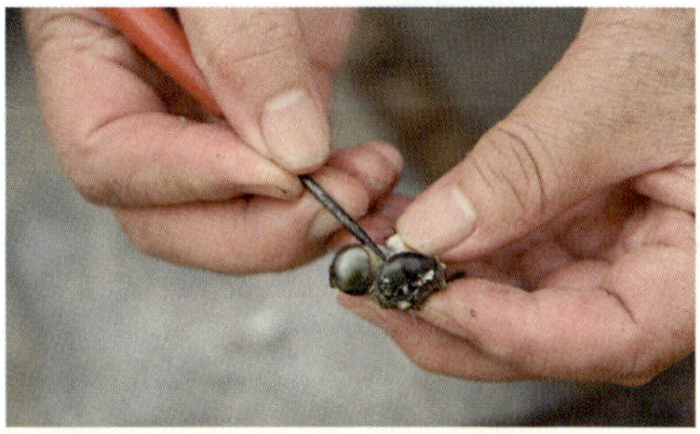

●**步驟3**｜隔天以針取出螺肉，以螺鹽8：2二次醃漬放入玻璃罐中，密封放置。

●**步驟4**｜於室溫裡2個月後可食用。

新春大吉福門

麵線在揉製時會加鹽帶來筋性及彈度，
晒麵時加上澎湖的日晒和風勢助攻，軟韌Q滑，
讓澎湖麵線相當有名。

南投竹林裡的鹹

筍農私房下酒菜，藏於山間的醃筍博物館

南投縣鹿谷鄉的田園經常被薄薄的雲霧和地面水氣籠罩著，有時剛下過一場陣雨，蟲鳴鳥啼重新現聲，待陽光射透雲層，一道大彩虹就突然掛在山巒浮雲上，像這樣讓外地人著迷的景致，卻是山裡人家的日常。由於氣候涼爽、水氣浸潤，還擁有海拔三百多公尺攀升到一千五百公尺的生物多樣性條件，讓這裡盛產的茶、竹物產成為在地迷人的風味料理。

位在鹿谷山間的「田媽媽小半天風味餐坊」，正是一個茶農暨筍農的大家庭，家族的老茶園位於海拔一千公尺山徑的必經之地，在過往山間農忙時節，家族長輩為過路人提供茶水、點心的世代傳承善意，成了第三代何素美和先生劉世雄在山間開設餐廳的契機。

竹林山間的「醃筍博物館」

這個大家庭的一日三餐都是四代同堂齊聚，有時遇到親友來訪，團聚吃個家常菜也是熱鬧騰騰，氣氛好像大過年。何素美有一道招牌媽媽菜「阿嬤ㄟ醬筍丸」，是把自家採收的鮮筍加入肉丸子燉煮滷香，把鍋子擠得滿滿的滷筍和肉丸子，色香味俱全勾人扒飯。這一鍋台式滷筍，帶著日式竹筍「土佐煮」（泛指加入柴魚片或柴魚粉的燉煮料理）風采，同時調味又有「阿嬤味道」的熟悉感，原來其中關鍵是

「田媽媽小半天風味餐坊」是一個大家族，家族四代都受到茶園和竹林的滋養和庇護。

經常雲霧繚繞的南投鹿谷，是凍頂烏龍茶和竹筍的故鄉。

醬筍搭配蒜頭，是鹿谷農家的私房下酒菜。

添入醬筍調味的「阿嬤ㄟ醬筍丸」，
是鮮鹹甘醇的山間農家菜。

拍打肉丸時添入「醬筍」，為一大鍋湯菜助拳鮮鹹甘醇的厚韻。

在何素美的廚房角落，擺放大小瓶罐的醃漬罐，玻璃罐內塞有塊狀、細絲、醬糜等各式形狀的醃筍，她用台語介紹：「這號做（tsit-hō-tsò）醬筍、筍乾、筍絲、脆筍和爛筍。」成串念起來軟綿成調，但種類多到讓人來不及對上哪瓶是哪瓶，這個家庭的醃筍太豐富，簡直就像一間山裡的「醃筍博物館」。

何素美打開醬筍，酸溜溜的氣味竄升空氣裡，剁碎後鋪在整尾魚上清蒸，或是拌進絞肉捏成丸子滷香，酸鹹風味為料理帶來綿延滋韻，即使只是摻了醃筍汁的滷湯，「盛來攪飯攪粥，攏足好呷」何素美這麼形容。她又端上一碟醃到軟糜的「爛筍」，撒上蒜末，挾一點進嘴裡、抿一口烈酒，味覺會捕抓到先鹹味、中辣、後回甘，滋味交疊衝擊後解除濃物的厚重，再從醃漬物悶滯酸鹹之間拉出亮點，讓人想要再含「一咪咪」爛筍，又喝一口酒，這是筍農人家限定的下酒菜。

農家懂得用鹽巴封存轉化山海物產，譬如宜蘭媽媽採越瓜製作「宜蘭瓜仔脯（醃瓜）」、台南農民撿拾疏果後的小西瓜漬成「西瓜綿」，還有南投山間裡的筍農挖麻竹筍醃成「醬筍」，這些蔬果保存食還原島民靠山吃山、靠海吃海的飲食地貌。

切筍篤篤聲，是小半天家族的夏天主題曲

何素美跟家人的夏天都在筍堆裡度過，有時二、三天就得快手加工採收後推成小山，重達四百多公斤的筍子，這個家在夏天的主題曲，就是從院子裡一直傳出切筍「篤篤篤」和刀撥筍塊集中入盆的「涮涮」聲音。

燠熱的七月到九月是麻竹筍盛產期。「如果用『一暝大一吋』形容嫩嬰成長，我們會用『一暝大一尺』來形容產期的筍子衝刺生長。」何素美的兒子劉松杰

指出：「筍子一天就能抽高約十五公分，當出筍高達一百公分時就得全速大批採割。」當令盛產的筍子鮮食最美妙，但產量多到做成加工筍品也成了地方特色，其中「鹽」是不可或缺的重要關鍵，也是酸鹹風味的來源。

（文・林嘉琪）

筍×鹽的四種風味

南投山間產筍，當地人採筍後會取不同部位，加鹽醃製成各式加工筍品，酸鹹風味可煮湯、蒸魚、炒菜，是當地農家菜的祕密武器。

- **脆筍**｜取麻竹筍中段切片、撒鹽、壓到七分乾後保存。厚厚的脆筍，可以用來炒菠菜、龍鬚菜，是山間的農家菜。
- **筍乾**｜經常出現在滷腿庫宴客菜中，做法要先汆燙麻竹筍，取出放置竹篩網上，以大石頭重壓一個月壓除水分，待散發筍乾香時，晒上二天的日光浴，手撕成條形。晒到全乾保存的，過程可以不加鹽，不過現代人喜歡微帶水分半乾的筍乾，因為容易還原入菜；但晒到五分到七分乾的，就要抓鹽保存。
- **筍絲**｜取筍尾切絲、灑鹽，重壓四到五小時後出水捏乾水分，靜置二天開始浸出帶酸的筍水，再一起入罐保存，適合用來炒大腸、煮魚湯。
- **醬筍**｜把纖維感明顯的筍圈切成大大塊，另取一寬口罐，先放入筍塊、撒鹽、豆豉、加糖；再鋪筍塊、撒鹽、豆豉、加糖，反覆組合動作。只要放置陰涼處、不沾到水，甚至可存放十幾年，可用來煮湯、蒸魚。

Info

田媽媽小半天風味餐坊

- 地址：南投縣鹿谷鄉竹豐村中湖巷3-5號
- 電話：0919-743732　營業時間：11:30～14:30，17:00～19:00
- 備註：1.餐點需預約，另有自製茶類、醃漬發酵食品。2.同時經營民宿，細節請洽店家。3.本文部分內容轉引自農業部2023田媽媽計劃案內容。

濁水溪沿岸的鹹

清流濁水溪，醬油回甘香

「濁水溪，烏濁濁，尚出名，豆油膏……」台灣最長的河流濁水溪，是彰化縣、雲林縣兩縣界河，也是台灣氣候的分界線，潺潺流水劃分出南邊的熱帶型氣候和北方的亞熱帶氣候，溪水行經此區域平均氣溫偏中高溫，雨季集中，相較於北部的多雨潮濕和南部的高溫酷熱，這裡成為古法甕釀醬油最理想的環境。

擁有天時地利釀造醬油的優勢

與橫跨濁水溪的西螺大橋距離四十分鐘車程的「萬豐醬油」，是一間位於雲林縣斗六市八十歲的老醬園，早期即以釀造醬油、自製醬菜，成為在地居民的日常餐桌風景。目前第三代製醬人吳國賓仍然維持古法乾蔭式釀造，即是直接拌鹽，不摻鹽水的發酵方式，佐以數據化分析，以監測為主的低度人工干擾來製麴發酵，並實驗性地分批加入湖鹽、岩鹽調配醬油風味，所釀造出來的黑豆醬油不僅色澤黑亮、香氣沉厚，且氣味濃郁、後韻回甘。

醬園工坊的後院草坪上置放著七十幾缸的醬油陶甕，草地三面圍繞著柚子樹、無花果樹及大片林蔭，場景像是陶甕錯落在草坪上做日光浴，像這樣充滿自然野趣的醬缸發酵區，卻藏有熟成風味的關鍵祕密。

「大環境（雲林）風和日麗，有點熱度，才可以啟動戶外日晒醬缸裡的發酵作用。」製醬人吳國賓說，除了擁有得天獨厚的氣候優勢，他把醬缸擺放在草地上，也同步啟動微風土對醬油的風味影響。「草地帶來了濕氣蒸發的冷卻效果，有微氣候調節功能，就不怕醬油『中暑』過熱而抑制酵素作用，犧牲風味。」加上吳國賓選用陶甕熟成法，陶甕是會呼吸的容器，醬油在發酵過程中會感受到氣溫升降的變化，為每批醬油風味創造細微的差別，有點像是葡萄酒，會有年分的表現差異。

萬豐醬油的製醬優勢，除了天時之外，還有地利。「雲林地區北臨濁水溪，地下水質清冽，我還記得小時候的水喝起來是甜的，那是因為水中含有適量的礦物質，現在由於過度開發、環境變遷，水質已不如過往，在我接班後的製醬用水，改採過濾水，再用麥飯石換質。」吳國賓說雖然採用乾蔭式釀造法不摻鹽水，但從原料生豆時的處理開始，水質也是重要關鍵。

減鹽卻不失濃厚的古早醬香

醬油是中華料理、台菜的醍醐味。從家常的五花肉蘸蒜蓉醬油、煎荷包蛋沾幾滴醬油、爐子上滷得咕嚕咕嚕小冒泡的肉臊、爌肉，一直到宴客菜的筍絲滷蹄膀、獅子頭……，迷戀醬味彷彿是華人味蕾DNA中天生的味覺指令。

大片綠地讓醬缸在發酵熟成過程中，擁有通風及溫度調控的理想條件。

古法乾蔭釀造醬油開缸時，
表層可見豆豉鹽花，
底部的黑豆醬油濃郁珍貴。

醬油是華人小吃或大菜裡的重要鮮味。

吳國賓自製篩豆網，他只留下個頭飽滿的黑豆，從食材源頭把關製麴、發酵的成功率。

如果說醬油是用來為菜餚調味，而鹽則為醬油調味。「鹽在醬油裡的作用，有防腐保鮮和賦予風味的二大功能，由於不同產地的鹽礦物質不同，會帶來不一樣的醬味。」食材專家徐仲指出，製醬過程中的入缸加鹽動作，為醬油帶來大量的風味線索，並架構起每款醬油的風味。這也說明，為什麼許多大廚或料理家，會同時在廚房裡擺放多瓶醬油，是因為不同料理要有不同的醬香之故。

吳國賓堅持家傳古法釀造，以本土混合菌種製麴、拌鹽、入缸、鹽封、封缸、日晒熟成、熬煮、壓榨及滴濾製成。他一方面堅持守護老味道，另一方面又想減鹽，吳國賓強調：「我想要維持我們家老醬園濃厚、飽滿的風味特色，但也想要考量健康，所以必須調整鹽分。」然而想要降低鹹感，不只是減少加鹽而已，而是必須實驗出防腐所需要的鹽分，因此製醬時就得掌握兩大關鍵時間點：一是封缸拌鹽時加入的鹽量，另一是製麴時對豆子脫水程度的判斷。吳國賓說因製麴時的黑豆會持續脫水，經由秤量豆麴，可以觀察水分流失的狀況；當黑豆的脫水程度較高時，較不易腐壞，拌鹽時加入的鹽量就可以減少。

為什麼古早阿嬤時期的醬油很少放置冰箱內，大部分擺放在常溫陰暗處，卻不易腐壞？答案正是「因為很鹹」。吳國賓解釋：「醬油是加了高濃度的鹽來防腐，因為高濃度鹽分，可啟動滲透壓機制，讓黴菌與細菌因細胞破裂脫水不易存活。」所以古早味醬油通常重鹹，鹽分可達百分之十七以上；而薄鹽醬油標準的鹽分則要在百分之十二以下，因減鹽有可能造成保鮮條件的改變，所以吳國賓建議醬油開封後要盡量放入冰箱保鮮。

研發淡咖啡色的「蔭鹽花」

為了減鹽，吳國賓不僅改變醬油的製程，還從主要產品黑豆蔭油裡研發出「蔭鹽花」。乾蔭熟成的釀造醬缸裡只放進鹽和黑豆麴，不摻一滴水，接著以鹽封口後需經過一年日晒，開缸時會看到已結塊的鹽封底部有一層淡咖啡色的鹽花，樣子有如「鹽的鐘乳石」，散發濃郁的黑豆香氣，吳國賓命名為「蔭鹽花」。

「蔭鹽花並不是製醬新產品，只要是乾蔭熟成的醬油都會生成結晶，以往的作法為了要取得更多醬油，會搗入醬油裡，或乾脆丟棄。」吳國賓展現不浪費的精神，他手工採收、細細刨下蔭鹽花，成為獨創的醬產品，不只成為料理家驚喜的「新」調味，也能為主產品黑豆醬油減鹽。

製醬全程十分艱辛，且考驗製醬人的科學、數學及體能，難怪歇後語會說「烏矸仔貯豆油」，製醬人手藝真是深藏不露呢！

（文．林嘉琪）

乾蔭釀造的醬油開缸後，可見淡咖啡色「蔭鹽花」，經吳國賓仔細刨下成為全新調味品，還可以為主產品黑豆醬油減鹽。

80歲的「萬豐醬油」主打乾蔭黑豆醬油，並重現以往被捨棄的醬製品「蔭鹽花」、「醬心」（固態醬油），全新表述在亞洲料理中重要的醬味。

黑豆麴放入陶甕後，上面要覆滿食鹽，等待日曬發酵。

古早醬油有多鹹？

吳國賓說根據過往調查記錄，許多醬油鹽分達17%以上，而海水也才只有3%~3.5%的鹽分，可見傳統作法的醬油有多重口味。以下是行內醬油用鹽的比例術語：

- **少鹽3%**｜對部分腐敗菌之繁殖具些微防止能力，乳酸菌旺盛。
- **中鹽5%**｜短時間內對腐敗菌之繁殖具些微防止能力。
- **多鹽8%**｜抑制腐敗菌之繁殖，乳酸菌／酵母菌尚能繁殖。
- **強鹽10%**｜部分乳酸菌無法活動，產膜酵母繁殖。
- **超強鹽15%**｜乳酸菌繁殖困難，細菌類部分停止繁殖，產膜酵母繁殖。
- **最強鹽20%**｜細菌大部分停止繁殖，產膜酵母生長緩慢。
- **飽和鹽26%以上**｜幾乎皆不繁殖（僅少數於特殊環境耐鹽菌可以繁殖）。

Info

萬豐醬油

- 地址：雲林縣斗六市文化路646巷221-2號
- 電話：05-5325072
- 官網：https://www.inyusauce.com

客家聚落的鹹

客家惜物論，芥菜祖孫三代同堂上桌

每年春節前，雲林縣大埤鄉就會變成一座大型酸菜廠：稻田邊的挖土機鏟起芥菜，接著載著芥菜的卡車接力穿越鄉間小路進到加工廠；交由吊車把放滿芥菜的帆布袋騰空勾起；然後，「芥菜魔毯」就飛掠過十幾位農友頭頂上方，降落進「鹹菜窟仔」（醃漬池）。

鹹菜窟仔裡站著十幾位戴斗笠、穿花布衣、腳穿雨鞋的農友，他們忙著拿長鐵叉排菜，待在醃漬池邊的則拿著碗公一碗碗撒下粗鹽醃菜，鹽花漫天飛散，有如雪花飄落，如此罕見的農地降雪景觀，只在這個「酸菜的故鄉」限定。

全台產量第一的鹽菜庄

是天時、地利與人和的合力助攻讓酸

大埤鄉農民會在冬季二期收割稻米後的空檔，改種芥菜，準備醃酸菜。

農友在冬日暖陽裡醃芥菜，大把撒鹽的場景有如白雪紛飛。

菜（又稱為鹹菜）奇蹟誕生在稻鄉。大埤鄉坐落在濁水溪沖積平原，水源豐沛、土壤肥沃，鄉內有許多村子，會在秋天二期稻作收割後的十月到隔年二月期間，全村動員種芥菜、醃酸菜，其中的興安村又稱「鹽菜庄」，不到千人的村落卻拚出全台產量第一的酸菜，全台灣有超過八成的酸菜出自這裡。

「芥菜受氣候因素影響很大，好壞收成量有時差到三成多，大埤鄉採收的面積平均在一千五百甲以上，可採收十萬公噸的新鮮芥菜，醃成四萬公噸的酸菜。」雲林縣大埤鄉農會總幹事吳昌遠舉例：「醃一座好像山的酸菜，若用十七噸的大貨車來載運，大約要花上一萬台的載運車次。」

從小在鹹菜堆裡長大、大埤鄉興安村酸菜廠第三代老闆吳宗淇表示：「芥菜平均生長約六十天，採收後放田裡脫水一天，用卡車載進工廠加鹽醃漬。」運菜和吊菜的任務可以機械化，但是醃漬工作仍

GENEO
ACE REAPER

醃芥菜是件大工程，需要天時、地利、人和的合力助攻，
出動挖土機、貨車和全村農友，趕時間處理芥菜山。

然依賴有經驗的人工。

巨型醃漬池的人力依最有效率的方式站位，一座長十六公尺、深三點六公尺，可醃六十公噸酸菜的菜池，會在東、南、西、北四個角落站有撒鹽工，池裡的十位菜工則站成一圈，兩人一組依分配範圍鏟菜、排菜。菜池裡不斷重複鋪菜、撒鹽、鋪菜、撒鹽……，直到堆滿約一樓半高度的醃菜，再出動吊車運來厚石漬壓，三到四個月之後才能開箱酸菜。吳宗淇指出，撒鹽工可不是人人能當，因為站一整天都要保持眼明手快地均勻撒鹽——這可是決定酸菜能不能成功醃漬的關鍵環節。

在地農友勤快又擅長醃菜，原來是百年前客家人移居此地留下的醃漬文化，即使在地客家族群現在已經「福佬化」，講台語的多過講客家話，但從地方上的三山國王廟宗教信仰和飲食習慣，仍然留下探尋客家文化的歷史線索，從攤車、小吃及餐廳的料理都可見酸菜食材的身影。興安村民熱絡地舉例「爌肉飯啊！必加」、「台鐵便當也會放」、「牛肉麵、刈包和飯糰」、「滷味沒有放酸菜會怪怪的」，近來風靡全台的高人氣酸菜魚餐廳，更讓酸菜供不應求。

一棵芥菜變成酸菜、覆菜和梅乾菜的旅程

酸菜真是有趣的醃漬蔬菜，可能有人常常吃酸菜，卻未必知道酸菜、覆菜和梅乾菜其實都是從同一顆芥菜變成的。鹽是芥菜的護照，依醃漬脫水程度由少到多，讓芥菜展開變成酸菜、覆菜到梅乾菜的變身旅程。

芥菜以一層菜、一層鹽相疊醃漬三個月，當色澤由綠轉黃、散發鹹酸味，就是「酸菜」。此時若取出架在竹片上，晒個幾天再回放桶裡或塞進玻璃瓶，則是還帶有水分的「覆菜」（意指趴在竹竿上的形狀，又叫福菜）。若是把酸菜直接晒到全

撒鹽工得眼明手快，均勻快速的控鹽。

菜池內的農友拿鐵叉排菜，菜池邊的農友則忙著撒鹽。

乾就是「梅乾菜」，可取葉子相疊綁束一卷放進玻璃瓶，只要保持乾燥不發霉，可以一直存放。

原來酸菜、覆菜和梅乾菜只是加鹽醃漬脫水程度不同，卻帶來了酸鹹濃郁的不同滋味。如果用醃菜家族三代做譬喻，第一代酸菜是「阿公」、覆菜是「兒子」，那麼梅乾菜就是「孫子」，像這樣源於客家飲食的惜物論，讓芥菜的一生真精彩。

開缸後的酸菜取出時要撿除雜質、整理菜葉，準備封箱運送。

芥菜加鹽作用後，會變身成酸菜（酸菜心）、覆菜（福菜）和梅乾菜，原來它們都是同一家族。

吳宗淇認為，像酸菜這樣老派的農村產業還可以生存的原因之一，是因為它還扮演穩定菜價的功能，「當颱風天菜價飆漲時，自助餐廳和團膳業者會端出酸菜肉絲、酸菜豆干替代昂貴的鮮蔬，加上台灣人仍以小吃、台式料理為主要飲食習慣，讓古早味的酸菜成為不能消失的味道。」

不過酸菜生產的方式早已變貌，過往農村裡用大木桶醃漬的情景已消逝，吳昌遠記憶中的家鄉地景是路邊常常排著醃漬桶，他說：「三十幾年前還在用木桶醃菜，醃菜的人會跳進木桶裡光腳踩踏，但是木桶用久會損壞，能夠製作和維修的老師傅越來越少，傳統工法的木桶又很貴，九〇年代開始有人在地面挖窟仔、鋪帆布醃菜，後來再擴建成水泥池，增派挖土機、吊車來作業。」鹽菜庄的地貌從農地轉型像工地，現在包在斗笠和花布袖套裡鏟酸菜的也不全是在地農民，還有許多是辛勤工作的移工們。

（文・林嘉琪）

Info

雲林縣大埤鄉農會

- 地址：雲林縣大埤鄉中山路2號
- 電話：05-5913631
- 營業時間：08:00～16:30，週六、日公休

宗益食品商行

- 地址：雲林縣大埤鄉興安村興安路34號
- 電話：05-2698221
- 為大埤鄉內專業優質的農特產品製造廠，產品曾榮獲檢驗局評定為食品優良金牌獎，為近三十年之老字號商行。

用鹽醃漬的酸菜食材，深入台灣日常飲食，小吃大宴都少不了酸菜風味的助攻。

「梅干控肉」口感腴潤，梅乾菜為其增添了甘醇的風味。

脫水乾燥的梅乾菜，會取葉子相疊捆為一束束地存放。

西南海岸線台江漁村 鹹

海口庄鹹篤篤，一嘴膎配一碗糜

從高空俯視台南七股地區，沿海魚塭地有如馬賽克畫作一般。當地的漁民在秋末冬初收完虱目魚後，會把這片魚塭的水放掉一些，進入「寒假狀態」的放水魚塭，塭仔底可以享受日光浴，像這樣低密度養殖且自然循環的魚池是友善的生態環境，而淺坪魚塭裡的雜魚、蝦貝便成了黑面琵鷺最愛的「自助餐檯」，吸引牠們每年從北方飛來此處覓食、換羽求偶及交配。

加入大量鹽生醃的海鮮鹹膎

從黑面琵鷺喜愛的冬棲地——曾文溪口向外延伸的台江海埔地，是一整座自然的溼地糧倉，百年來漁民在河海、潮間帶漁撈、養殖、晒鹽及種植，像這樣同時養魚跟晒鹽的「鹽漁村」，正是「鹽與海鮮的大富翁」，有條件發

七股地區是同時養魚跟晒鹽的「鹽漁村」，因此發展出加鹽生醃的海鮮鹹膎文化。

展以鹽保存食物的飲食文化。

在海埔地盛產的魚貝，不只大方宴請「烏貴賓」吃到飽，還被「地方媽媽」醃漬保存成一罐罐的「鹹膎」（kiâm-kê，鹽漬的食物）。老台江人通稱加鹽醃漬的食物叫作「膎kê」，魚鮮、蔬菜都能成為醃漬品，例如：「蚵膎」、「毛奇仔（小螃蟹）膎」、「赤嘐仔膎」，還有蔬菜類的「蒜仔膎」、「鳳梨膎」等，這是早期在地居民餐桌上常見的「配鹹」，在物資缺乏的年代「一嘴膎就可配完一碗糜（稀飯）」。

加入大量鹽生醃的海鮮鹹膎，重鹽、重口味。如「赤嘐仔膎」在滑嫩的貝類囊體裡偶有貝唇的脆脆質地；「蚵膎」口感黏稠、海味濃郁……，這些被塞進回收的空酒瓶裡保存的鹹膎，是西南海岸線特有的風土飲食圖騰，但是隨著飲食習慣的變化、懂得作法的長輩衰老故去，已成為瀕臨消逝的老味道。

「一嘴膎配一碗糜（稀飯）」是早期漁村的飲食日常。

加鹽醃漬的食物叫作「鮭」，
「蚵鮭」、「赤嘐仔鮭」
是老台江人餐桌上必備飯友。

鹽漁村媽媽譜寫台江飲食史

在七股海埔堤防邊上有一間鐵皮屋檳榔攤，在攤子前停下來的卡車司機出聲喊買檳榔、結冰水，騎摩托車來的在地人則來補貨醃赤嘴仔及晒虱目魚乾。然而這裡更像是什麼都賣的雜貨店，小攤裡賣飲料、啤酒，地上鐵盆盛著新鮮蛤蜊，疊成堆的紙箱裡放著瓜果……，遇到魚塭收魚，這裡變身行動「小蜜蜂」，店主翁太太會開著貨車載著冰涼的「阿B（保力達B）」和涼水在魚塭邊兜售。

平日時，翁太太包完檳榔，她會從冷凍庫取出一大包生赤嘴仔，搓洗退冰，以蚵鍰仔撬殼取赤嘴仔肉；另外切蒜末，加鹽、味精、米酒，跟赤嘴仔肉拌勻，用漏斗填進米酒頭和米酒回收的洗淨空瓶裡。「赤嘴仔膎做好後三、四天就能吃，但比較腥，氣味較重，一般放一、二個月最好吃，可以凍起來慢慢仔呷。」翁太太指出，不只赤嘴仔膎，魚塭、海邊裡的塭仔魚、丁香等雜魚都可以用來做成「膎」。

鹽漁村的海鮮及農作物，都能經由鹽漬保存風味。海埔地土壤含鹽高被稱為「鹹園仔地」，加上海風大，只適合種耐鹽作物，像是洋香瓜、蒜頭、紅蔥頭等。家住七股區三股里的黃媽媽，在婆家的舊礱米廠裡醃蒜頭、蔭鳳梨醬、醃豆腐乳及破布子，這些鹽味單吃下飯，入菜後添韻回甘，是讓家常料理發光的重要食材。

台南鹽地適種耐鹽作物，因此發展出以蔭鳳梨醬、醃蒜頭、醃豆腐乳等醃漬物。

「赤喙仔膎」的製作步驟

赤喙仔又名環文蛤、赤嘴蛤、海蜆、青蛤、鐵蛤、黑蛤、牛眼蛤，常棲息在河口或砂泥質的淺水區，外殼有環狀花紋，殼緣為紫色而得名。

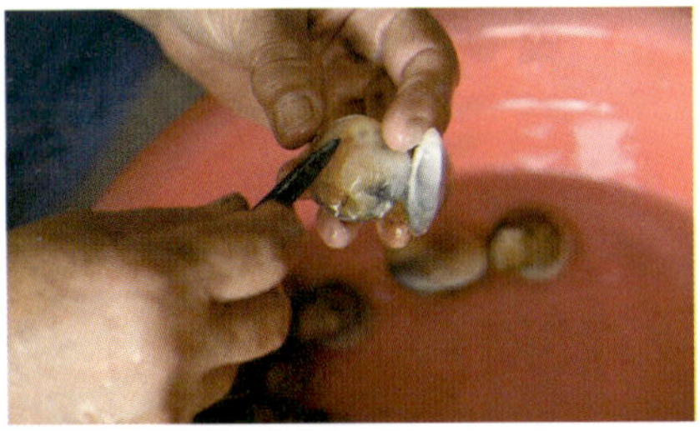

步驟1｜洗淨後的赤喙仔，以蚵鋟仔撬殼取肉。

步驟2｜加入蒜末 。

步驟3｜加鹽、味精、米酒後拌勻。

步驟4｜用漏斗裝進米酒頭、米酒回收的洗淨空瓶，放置2週後可食。

步驟5｜2週後放進冷凍庫裡，可存放2個月。

在七股十份村的一處三合院，是地方創生團隊「股份魚鄉」與「伙湠七股在地食材料理空間」一同打造的食魚教育空間。伙湠負責人李博霖找遍村鎮裡的媽媽長輩們手作醃漬的赤喙仔膎、醃蒜、蔭鳳梨醬和西瓜綿等醃漬食，研發入菜成「醃鳳梨苦瓜文蛤雞湯」、「西瓜綿蚵仔湯」、「蒜香越瓜片魚肚」、「煙燻蚵醬麴」及「醃蒜薯泥」等料理，讓醇厚的古早味帶有創意，以傳統保存食繼續守護地方生活經驗及文化底蘊。

「我好奇地方物產是怎麼產生的？我想知道是什麼特定環境才能養育或誕生出特有的食物？這件事情重要，因為這是地方飲食的基礎，也讓風土飲食和人產生連結。」李博霖形容，在舊碾米廠做醃鳳梨、在鐵皮屋檳榔攤裡做鹹膎，以及把河床沙地上的西瓜疏瓜做成鹽漬西瓜綿的媽媽們，她們都是譜寫台江地區飲食歷史的重要紀錄者。

（文・林嘉琪）

「伙湠七股在地食材料理空間 」主廚李博霖，用醃漬保存食結合家常料理，保留住台江地區飲食的古早味風華。

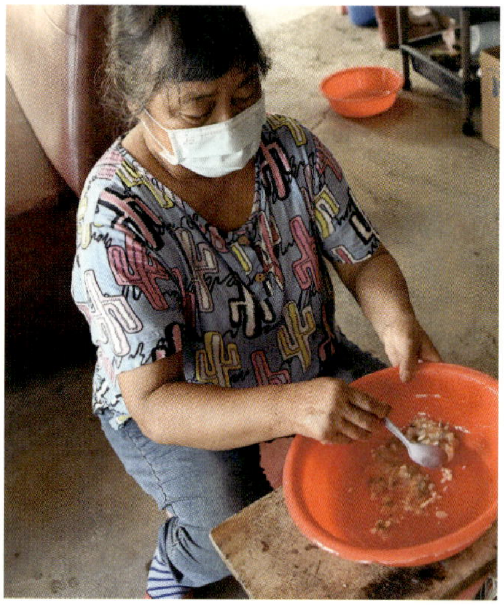

在鐵皮屋檳榔攤裡做「赤喙仔膎」的地方媽媽。

Info

伙湠七股在地食材料理空間

- 地址：台南市七股區十份里十份26號
- 電話：0958-381127
- 備註：用餐需預約

除了台江地區，彰化鹿港也可見到各式「鹹膎」，這些以往在鹽漁村常見的醃漬海鮮越來越少人會做了。

以鹹膎結合物產的「伙淚套餐」，還原海埔地呷魚、配鹹和用醃漬物入菜的飲食特色。

花東沿岸的鹹

本島第一道曙光，照耀阿美族的山海保存食

花東「雙濱」地區（花蓮豐濱、台東長濱）是食材樂園。春天飛魚季到了，男人會出海打魚、燒柴火煙燻飛魚乾；夏天迎接豐年祭，每戶家裡最強「醃漬手」便開始動手醃喜烙（silaw，醃豬肉）。因此，在東海岸阿美族人的餐桌上，常可見喜烙（silaw）、阿那度（anato，醃魚）、醃筍（fukah）和鹽巴辣椒（te'nas，沾醬）等，像這樣以鹽保存的海陸滋味，為這片位於山海皺褶處的大地撒上風味亮光。

醃製喜烙之手的部落傳說

炙熱的七月是豐濱稻米搖擺成金色稻浪的豐收季節。黎明五點十分，太陽躍出海面，第一道曙光閃耀東海岸時，港口部落的潘明志（保羅）已經在田裡收割稻米，到了清晨八點，太平洋沿岸遍地熱氣騰騰，保羅已從田裡走回家前的水圳，刷洗手腳、用山泉水洗把臉。

每年4月到7月是飛魚的季節，阿美族人會趁新鮮時用鹽水、米酒泡過，再起柴火煙燻保存。

港口部落的潘明志（保羅）在陽光、海風、稻浪旁邊醃喜烙的場景粗獷豪邁。

花蓮豐濱、台東長濱的海岸線湛藍迷人，海陸物產豐饒。

阿美族人的餐桌是一本野菜及海陸食材圖鑑，族人還擅長以鹽保存山海風味。

「以前我們的長輩（部落耆老）清晨去田裡工作時，會用葉子包喜烙，掛在田邊的樹上當便當；那時候很鹹喔，因為要補充流汗後的體力。現代化社會採買食物十分便利，目前四十到五十歲左右的阿美族人，已經不再需要拎著喜烙當補給，只是喜烙就有如阿美族的DNA組成，太久沒吃會怪怪的。」保羅在陽光、海風、圳溝和稻浪邊一面醃喜烙、一面這麼說。

保羅先是扭開一瓶米酒的蓋子，酒液嘩啦嘩啦淋沖過已清洗乾淨的鐵臉盆、玻璃罐，他把太太一早買的五花豬肉放進盆裡，均勻地抓揉粗鹽，再一層一層地排列進玻璃罐裡，並以拳頭緊密地壓實後密封，等到三個月到半年的冬日期間就能食用。有的作法會在三個月時添加米酒，增加香氣；也有不加的，直接放到半年後。傳統吃法是吃一口糯米飯、配一小口醃肉，咀嚼之間可感受鹹香中帶有發酵酸香的豐富氣味。

必須通過祖靈認可才能成為「喜烙之手」的部落傳說，保羅就傳承下爸爸的手藝，成為傑出的醃製手，「不是所有的手都能製作，即使食材、比例都相同，但有的人再怎麼努力揉出來的喜烙就是會壞掉。」保羅說粗獷的部落醃肉，風味也會因製作的人加鹽用量、塗抹方式、加米或不加酒、裝罐保存的手法而有不同。雖然現代科學已解開「壞的手」祕密，知道是與手上及製作環境的微生物影響有關，但長年以來，傳統領域裡堅持神祕力量才是最偉大料理魔法師的信仰，讓傳統食物跟親屬、祭儀、神話產生緊密的連結。

醃製喜烙必須通過祖靈認可才能成為「喜烙之手」，保羅傳承下爸爸的手藝，成為傑出的醃製手。

阿美部落「喜烙」醃製作法（保羅口述示範）

步驟1 | 先用米酒沖洗雙手和罐子。

步驟2 | 把肥瘦各半的五花肉厚切成條狀，抹粗鹽。

步驟3 | 密實地壓進容器，放置室內陰涼角落。半年後，豬脂如凝，白色滑腴，咀嚼時鹹香交織。

雙濱風土食材，阿美族萬物皆可醃

雙濱地區的陸地富庶、濱海豐饒。阿美族人常常會說「要去大海拿個食物」，從潮間帶的笠螺、石鱉；水域較淺礁石間的九孔；到海裡的飛魚、旗魚……，從潮間帶走向大海，整片太平洋都是族人的冰箱，這些東海岸的風土食材，在阿美族伊娜（阿美族女性長輩之稱）的雙手裡「萬物皆可醃」。

台東長濱鄉長光部落的「一耕食堂」是風味餐廳，也是族人交流的基地。這一天，伊娜們來示範長光部落的醃筍（fukah）作法。每年五、六月刺竹筍盛產時，取下筍子尖端細嫩的部位用來煮湯，中段以下纖維較硬的部位就是製作醃筍的食材。醃筍滋味酸、鹹、脆、辣，在夏天時冰涼吃更好吃，被當地人稱為「酸辣湯」。

與港口部落相隔五分鐘車程處的石梯坪漁港，「船長的飛魚」退休船長王文財正在剖開飛魚，他取出魚卵製成醃漬飛魚卵，魚肉則以鹽水、米酒泡上三十分鐘，同時取銀合歡、血桐的木柴放進煙燻爐起火，準備煙燻飛魚乾。

帶有水分的半乾燥木頭和全乾的柴枝要一起放進爐裡點燃升煙，王文財的太太解釋：「木頭要用帶點水分的才會起煙，達到燻烤的效果，如果用火焰太烈的直火燒烤，會把魚肉烤到焦黑。」不同於蘭嶼的日晒飛魚，豐濱一帶的煙燻飛

在台東長濱鄉長光部落的「一耕食堂」，嚐得到多樣的阿美族發酵醃漬食物。

魚，魚肉還帶有水分，口感緊實帶彈，比較像是日式居酒屋吃到的一夜干。

在豐濱最大阿美族部落「貓公部落」裡，有部落海女們會依潮汐韻律到潮間帶「撿拾貝類」（micekiw），在三姐（葉秀夏）的廚房裡，有一整面牆高的廚架，塞滿一罐罐笠螺、石鱉、醃豬油、醃筍、鹽巴辣椒和釀糯米酒的瓶罐，她的廚房就是一坐迷你的雙濱山海，顯示阿美族人是如此地擅長以鹽封存、表現山海食材的氣味。

（文・林嘉琪）

酸鹹脆辣的「醃筍」作法（巴奈、阿梵絲Afas口述示範）

●**步驟1**｜先把刺竹筍切塊，帶殼花生、芋頭梗、雞心辣椒等食材都要分別煮熟、放涼，湯汁也要放涼備用。放涼後，取一只大盆，把食材加在一起。

●**步驟2**｜撒粗鹽將食材均勻拌過，再把食材放到罐內。

●**步驟3**｜倒入已放涼的蔬菜湯汁、米酒淹過食材，封罐後擺放在陰涼處，大約4到7天就可享用。

Info

一耕食堂

●地址：台東縣長濱鄉長濱村22鄰長光97-3號

●電話：0987-226640

●營業時間：12:00～14:00、18:30～20:00（週一公休）

●備註：FB預約用餐

蘭陽平原裡的鹹酸甜

濃濃年節氣氛，金黃飽滿的金棗蜜餞

位在東台灣的宜蘭，群山環繞、一面臨海，早期聯外交通及貨物運輸不便，形成宜蘭人習慣把新鮮蔬果及食材，以鹽加工製成乾貨或是醃漬品，像是金棗、醬瓜、豆腐乳、鴨賞與膽肝……，好讓食材得以長時間保存。

時序進入十二月，大寒未至，二十四節氣中的小寒先行報到，在又冷又溼的冬季，宜蘭果園裡一種獨特的柑橘類水果「金棗」正進入黃金採收期（產季約十二月至隔年二月）。金黃色的果實，有如棗子大小，由於產期正逢春節過年期間，桌上一盤飽滿金黃的金棗十分喜氣；也因金棗生果生津止渴，宜蘭人更常簡單地用鹽和糖，將它製成風味不同的金棗蜜餞當零嘴。

小寒時節正是宜蘭金棗的產季，「金棗」皮甜汁酸，是蘭陽獨有的風土滋味。

宜蘭特有柑橘類水果，鮮果外甜內酸

宜蘭人慣稱的「金棗」，正確名稱應為「金柑」，也有人稱它為「金橘」，和其他柳丁、橘子、檸檬、柚子等作物一樣，屬於柑橘類水果。有趣的是，一般柑橘屬的外皮富含精油，香氣濃郁，但外皮苦澀；只有金棗例外，果實外皮甜、汁液卻是酸溜溜的。因此，不少人食用前，會把裡頭的酸汁擠出，再連皮帶肉一起入口，是許多宜蘭老一輩人的兒時回憶；也有人會在農曆初九以帶葉金棗鮮果祭拜玉皇大帝（拜天公），具有「拜金棗，年年好」的吉祥意涵。

雨量豐沛、土壤排水性良好的宜蘭，正適合金棗生長條件的環境，因此全台有近九成的金棗產量來自宜蘭，其中又以礁溪鄉和員山鄉為兩大產地，成為「金棗的故鄉」，也是蘭陽在地冬季最獨特的風土滋味。

金棗酸中帶甜，十分開胃助消化，尤其加入中藥製成的金棗膏，更是潤喉、潤肺的養生藥方。然而現今鮮食金棗的人愈來愈少，目前絕大多數的金棗鮮果會再進行加工，依以糖

宜蘭雨量豐沛、土壤良好的排水性，十分適合金棗生長。

漬、鹽漬等各種加工方法，製成有鹹、甜、乾、濕的鹹味金棗、糖漬蜜金棗、金棗果乾、陳年金棗等零嘴蜜餞，成為大家所熟知的宜蘭伴手禮。

一顆顆人工採收，鹽漬保存金棗

「製作金棗蜜餞其實是很費工的，採收得靠人力一顆顆地將果實從樹上採摘下來，無法使用機器；若要鮮果賣相好，還得用剪刀剪，留下蒂頭……」，擁有四十年歷史的「橘之鄉蜜餞形象館」總監洪美芳解釋說道，果農送來一籃籃金棗，必須再依果實大小分級。

曾是宜蘭大學教授食品科學的老師、現在專心經營食品加工廠及觀光工廠的洪美芳說，從古至今「鹽漬」與「糖漬」一直是人們保存食品、防止腐壞的傳統好方法，在整個製作蜜餞過程中，只要添加適量足夠的鹽和糖，控制好水分含量，就能具有天然防腐的效果，無須再添加額外的糖精、色素、化學香料或是防腐劑。

走進宛如網美打卡景點的「橘之鄉蜜餞形象館」DIY工坊和咖啡廳，牆上一罐罐、真實醃漬著楊桃、梅子、橄欖、金柑、金桔……的玻璃瓶，是店內最美麗又自然的陳列牆。工坊裡同時展示製作金棗蜜餞的作法和工具，早期宜蘭地區家家戶戶都有自己阿嬤家的祖傳祕方與作法，但流程大同小異，得先選果、鹽漬、漂水、針刺、殺菁，最後經過糖漬，才能完成純天然的金棗蜜餞。

鹽與糖的完美作用，金棗蜜餞的美味關鍵

洪美芳進一步解釋：金棗蜜餞製作過程中，前置作業中的鹽漬，主要作用是為了天然防腐、軟化果實、去除果皮苦澀味；漂水則是用流動的清水，至少要三天的

低溫烘乾去除水分的金棗果乾，保留天然果實酸味，生津解渴。

橘之鄉將金棗鮮果加工製作成不同風味的金棗蜜餞：金棗果乾、鹹味金棗柑、糖漬金棗（由右至左）。

新鮮水果經由鹽漬和糖漬防腐保存，即能將食物賞味期延長。

時間，洗去過多的鹽分及雜質；而針刺的步驟是為了破壞果皮表皮組織，以利於後續糖水滲透、醃漬；接著再利用熱水高溫殺菌；最後加入適量比例的糖和鹽，單純只是為了調味之用。

「不過，現在因應製作出不同金棗產品，也會進一步調整加工技術及程序。」像是一顆顆發亮透光的「貴妃金橘」，得精挑細選出大顆飽滿又成熟度剛好的果實，此時果膠豐富，為了保持整顆完整金棗賣相，採用百分之十八鹽水浸泡金棗鮮果；不像製作鹹味「金棗柑」，直接以粗鹽破壞果皮組織，或是「金棗果乾」以簡單用鹽水清洗即可。

鹽漬後的金棗，漂水完成後，加入麥芽糖、砂糖和鹽一起糖漬，有別於一般的高溫糖漬及日晒，橘之鄉採用低溫真空濃縮糖漬及熱風乾燥，保留果物天然原色，糖漬後的「貴妃金橘」晶瑩剔透、可口誘人，分粒包裝的方式，也讓金棗蜜餞吃來不沾手。

雖然現在因應市場的大量需求及衛生安全要求，橘之鄉蜜餞工廠早已從手工改為食品工廠經營，然而對洪美芳而言，承續第一代阿嬤的話「做呷ㄟ的東西，一定要做自己敢吃的」，只要能以天然水果、簡單的糖和鹽巴製作出的蜜餞，才是橘之鄉的美味關鍵。

（文・林春旭）

Info

橘之鄉蜜餞形象館

- 地址：宜蘭縣宜蘭市梅洲二路33號
- 電話：03-9285758
- 營業時間：08:30～17:30

採收金棗得靠人力一顆顆從樹上摘下。

以粗鹽破壞金棗果皮組織，進行醃漬的前置作業。

輯三

製鹽技藝 華麗轉身

台灣三百多年的傳統人工天日晒鹽，
在二〇〇二年畫上句點。
晒鹽的人走了，大自然悄悄回來了，
西南沿海的廢鹽田慢慢演化成溼地。
但有些人、有些地方，
卻開始努力想把一小塊鹽田晒回來；
不單純只為懷舊紀念，
而是想開創一條通往新時代的道路。

布袋的洲南鹽場把鹽賣進多家米其林餐廳；
北門井仔腳鹽田每年吸引六十萬遊客；
安順南寮鹽村用心接待前來參觀的學生；
金門的西園鹽場再現了另一種戰地風光。
車城後灣的黑貓姊楊美雲，
到海邊取鹽滷煮鹽、做豆腐；

長濱慕樂諾斯部落的海鹽爺爺蔡利木，
到海邊搭工寮煮出阿美族的智慧；
綠島阿公田丁福一家三代，
想把最美的海水滋味變成綠島的珍寶；
鹿港浦田竹鹽則以竹子跟鹽，
展現循環再生的創意與勇氣；
台鹽公司雖不晒鹽，
但仍以七股鹽山跟苗栗通霄精鹽廠，
展示過去的鹽業文化與驕傲。

台灣鹽的復興之路，
總是充滿挑戰。
各職人或場域從起心動念，
一路走來都超過十幾年，
翻過下一頁，
來閱讀他們不為人知的故事吧！

布袋 洲南鹽場

水地風光人晒鹽

咚咚！咚！咚咚咚咚！咚！布袋國小太鼓陣在空曠的鹽田裡，整齊敲打出氣勢豪邁卻有戲劇感的鼓樂，磅礡揭開二〇二三年第十六屆洲南鹽場謝鹽祭的序幕；一旁的「代鹽人市集」，有來自台灣各地的好朋友，用洲南海鹽製作出美味的甜點、麵包、披薩及小吃……。

每年秋末例行整建好鹽田，準備進入新的產晒季之前，洲南鹽場都會迎請鹽村李大王爺、媽祖等眾神前來，安座在行宮高高的供桌上，以敬獻、上香等儀式及表演，感謝眾神過去一年的保佑，也祈願來年能有好豐收。

感恩與祈願，一直都是洲南鹽場從老鹽工身上學來的心意與誠意。

洲南鹽場持續多年主辦「謝鹽祭」，結合地方民俗、論壇和市集，串聯地方物產聯盟力量。

收鹽是團隊的體力勞動，也是豐收的成就感。

進場晒鹽，土地公給了三張考卷

洲南鹽場闢建於一八二四年，由鹽商吳尚新與當地魚塭戶合資開發；到了二〇〇一年布袋鹽場最後一年收鹽，老鹽工離開這片鹽田。長期關注地方文史的「布袋嘴文化協會」，在鹽田廢晒前後幾年持續田野調查，拍照、書寫這曾經養活成千上萬布袋人的產業——雖想試圖力挽狂瀾，卻有無能為力之感。後來，協會向文建會的「產業文化資產再生」計畫提案，在幾位老鹽工的指導與協助下，二〇〇八年五月正式進場整建，隔年成為嘉義縣地方文化館。但復晒之路，比預期還要困難，協會總幹事蔡炅樵常笑著說：「鹽場土地公給我們出了三張考卷。」

第一張考卷是鹽晒不出來，因為鹽田荒廢將近七年，土壤結構鬆壞、易滲漏，老鹽工們花了三年才能正常產晒；第二張考卷是環境生態題，因為廢晒多年讓鹽田演化出豐富的生態，草長、魚游、野鳥飛，如何創造「以晒鹽生產為前提的溼地生態」，是理念兼現場實作的雙重考驗；最難的第三張考卷，則是該如何落實「晒鹽，是人與自然環境友善互動」，從文化補助朝文化創生，透過商業邁向自主永續營運。

國家環境教育獎，是榮譽也是使命

鹽業文化體驗，是很好的想法與作法，但到底要體驗什麼？

洲南團隊以文化資產及環境劇場的理念，將體驗活動定位在「預約制／環境教育」，而不是「散客來／大眾旅遊」，然後在一次又一次的導覽中，不斷調整、優化活動內容，將快樂鹽田、勞動智慧、鹽地生態等價值，及「水地風光人晒鹽」這個七字通關密語，轉化為迎賓鹽工茶、進場宣誓、赤腳進鹽田、踩漿、量鹵水、雙手玩鹽捧愛心等活動；另外還有「鹽的降溫超魔力——炒冰」及「晶彩瓶安——煮鹽」兩項DIY。

洲南鹽場在二〇一六年獲得國家環境教育獎的肯

勤懇豐收，幸福勞動，是洲南鹽場希望傳達的當代場所精神。

定，持續吸引雲嘉南地區國中小學來校外教學，近兩年與在地的布袋國小、布新國小，一起發展全年級校本課程；另外，還有企業員工旅遊、團體的參訪交流，同時也接受客製規劃主題活動。更特別的是，洲南以地方文化館的社會責任，嘗試串聯附近鄉鎮友善環境生產的農漁民夥伴，多次舉辦「風土嘉濱——從餐桌回到產地」的食農食魚教育活動。

風土滋味，是天手合晒的技術驕傲

洲南鹽場直到復晒第六年，才正式推出鹽花、霜鹽與粗鹽三款鹽品上市，商品化的腳步其實很慢。但台灣在食安風暴後，地方品牌小農漸受關注與喜愛，在得到上下游市集與主婦聯盟兩個通路的支持，讓第一階段的商品化可以穩健下來。

接著，台灣高端餐飲圈興起使用在地食材潮流，許多主廚及美食專欄作家來洲南鹽場品嚐日晒鹽的風味，想了解海鹽的特色，在一次次的交流中，讓料理美學、飲食文化、生活風格與品味等觀念，豐富了洲南鹽品的視野與格局，並以礦物質、微生物及氣候風日等三個DNA，建構一套鹽與料理的風味論述。洲南也從晒鹽人的技術驕傲出發，陸續推出藻鹽、厚藻鹽及以二十四

老鹽工們協助洲南鹽場整建，一鏟一鋤不馬虎。

雙手捧愛心，讓小朋友以手來直接感受鹽的結晶顆粒感。

從鹽田荒廢、文資再生到文化創生，
洲南鹽場一路走來十七年，
努力為傳統鹽業創造當代社會價值，
有挑戰、有挫折，也有小小的成就。
謝天，也謝鹽！

節氣命名的旬鹽花，做為「職人鹽選」的年度特別款。

洲南鹽場在餐飲圈慢慢建立起台灣海鹽的專業品牌形象，目前約有幾十家餐廳使用洲南鹽品，也包括多家米其林餐廳、五星級飯店及世界冠軍烘焙主廚。而站穩腳步後，開始發展「洲南inside」的跨界品牌聯名策略，如聯合四家傳統釀造醬油廠推出「島國純釀」禮盒；為嘉義基督教醫院客製化六十五週年贈禮；並協助晶華酒店了解台灣各地鹽品特色，推出頗受業界好評的「侍鹽師」。

從鹽田荒廢、文資再生到文化創生，洲南鹽場一路走來十七年，以S-A-L-T這個鹽的英文字，對應著Skill（技術驕傲）、Activities（文化體驗活動）、Life（生態溼地）、Taste（鹽品風味）等四個發展面向，努力為傳統鹽業創造當代社會價值，有挑戰、有挫折，也有小小的成就。謝天，也謝鹽！

（文・沈錳美）

Info

洲南鹽場

- 年代：闢建於1824年，2001年廢晒，2008年復晒
- 地址：嘉義縣布袋鎮龍江里新厝仔402號
- 電話：05-3478817
- 營業時間：8:00～17:30（週六、週日公休）
- 網址：https://taiwansalt.com/
- 產品：鹽花、霜鹽、粗鹽、藻鹽、厚藻鹽、旬鹽花
- 活動：每年10月謝鹽祭
- 備註：校外教學、客製化活動需事先上網預約

守護鹽田的土地公驚喜現身，贈送海鹽分享包給前來校外教學的小朋友。

洲南鹽品全系列，已在餐飲界建立台灣海鹽品牌形象。

從空中鳥瞰洲南鹽場。

將鹵缸改建成泡腳體驗池，是洲南鹽場導覽劇本中最受小朋友喜愛的。

日落月升，開闊的鹽田很適合讓人放空、發呆。

北門 井仔腳鹽田

百堆小鹽山的網紅魅力

向晚黃昏、海風徐徐，遠處幾抹霞光雲彩，台南北門井仔腳鹽田方方正正的結晶池上，一堆堆白色小鹽堆，在水中整齊映照，形成一幅夢幻地景。水鏡映白鹽，已是多數人眼中的台灣鹽田意象。

近十幾年來，井仔腳鹽田成功地將過去台灣鹽業單調、寂寥、辛苦的一級產業地景，翻轉為吸引觀光客駐足凝視、網紅拍照打卡的場景，官方統計每年約有六十萬遊客到訪；這裡也曾以鹽田為背景，與舞蹈團體、在地學子、鹽工合作，展演環境舞劇，塑造了新時代的鹽田文化地景。

井仔腳三寶，打響名氣與人氣

井仔腳鹽田是一八一八年闢建的瀨東場，清代鹽田結構凌亂、面積不一，產量

井仔腳鹽田的小鹽堆，是拍照打卡的最佳觀光地景。

也不佳；一九五〇年代因遇海水倒灌毀損鹽田，台鹽乾脆將整區的「分副式」瓦盤重新規劃，各副鹽田的大、小蒸發池整併一起運作，然後將鹵水送到近百格棋盤狀的「集中式」結晶池晒鹽。

井仔腳二〇〇〇年廢晒，隔年隨即由當時台南縣政府進行整建復晒，二〇〇三年交給在地台南縣生態旅遊協會短暫認養；後來雲嘉南濱海國家風景區管理處（簡稱雲管處）接手管理，OT委給皇尚企業集團營運，目前的經營者是台灣守護文創。

皇尚集團推出的「366日生日鹽」吊飾，是第一個讓北門井仔腳一炮而紅的文化商品，擷取自日本神道教意涵與色彩能量學，將每日專屬幸運色彩（小確幸）結合避邪保平安的傳統民俗功能，只要找到自己、家人或好朋友的生日那一天，就能帶回彩鹽吊飾當祝福，自用送禮兩相宜；鹽，在此與當代年輕人建立了時尚潮流的溝通。

鹽工的日常勞動。

井仔腳第二個讓人讚嘆的作為，是在結晶池上堆出一堆又一堆的小鹽山。這引人矚目的奇幻地景，其實是井仔腳產晒顧問、退休場務員涂丁信的創意。以前鹽工收成後，會將鹽挑到岸上堆成大堆等待集運，一次涂丁信顧問看到外國雜誌上的鹽田結晶池有很多小鹽堆，因此萌生奇想，也在井仔腳的結晶格上堆起，沒想到這景觀引來攝影愛好者與網紅的青睞，傳統的「產業地景」蛻變成很潮、很熱門的「觀光地景」。已經八十幾歲的涂丁信，至今仍天天去鹽田巡視、指導過鹵，是井仔腳鹽田最堅實可貴的守護者。

「黑腹燕鷗」是第三個讓井仔腳鹽田飛躍馳名的推波之力。每年入冬，候鳥黑腹燕鷗陸續來到井仔腳，白天到附近的魚塭區覓食；傍晚會分批飛到鹽田堤防外的潟湖，不斷盤旋、聚集、迴旋、翻滾，在空中飛舞的黑腹燕鷗時如巨龍狂起、時如陣風散去，短短半小時的飛行閱兵後，分散降落在潟湖海面的蚵架上，準備夜晚休息。從小就住在井仔腳鹽田旁的文史專家黃文博，與鄰近的鹽鄉民宿餐廳老闆洪有志，長期透過攝影及社群媒體，讓這裡的鹽業人文、地景與潟湖的黑腹燕鷗之舞，驚豔全台，井仔腳鹽田知名度因而愈來愈高。

創新的文化節慶，來自深厚的信仰文化

「鯤鯓王平安鹽祭」是井仔腳鹽田另一個創新與影響力的舞台。二〇〇四年雲管處與南鯤鯓代天府第一次合作辦理平安鹽祭，從井仔腳運來廟前廣場的大鹽堆是視覺焦點，聘請二十幾位道長進行誦經、敕鹽等科儀，許多民眾專程前來索取平安鹽袋，還得大排長龍；幾年後在井仔腳鹽田增加請鹽與謝鹽儀式，大清早先由道長在鹽田現場加持，再由眾人護送到廟前，最後再將鹽撒回鹽田裡，象徵日後產晒的

遊客在結晶池上玩鹽體驗、拍照。

光雕活動，讓井仔腳入夜變得「五鹽六色」。

井仔腳鹽田堤防外的潟湖，黃昏時黑腹燕鷗群集飛舞。

鹽簍滿滿、旗幟飄揚的平安鹽祭祈福大道，是民俗、創意及鹽產業的綜合呈現。

民眾將姓名及心願寫在祈福旗，然後插在經過賜福的大鹽山上，盼得眾神保佑。

2023年平安鹽祭的「祭鹽」儀式，廟方請道長誦經、敕鹽加持。

每一批鹽都能保佑平安。

平安鹽祭經過近二十年的發展，每年都有一些新的創意，「請鹽、祭鹽、謝鹽」三個主要活動，蘊含著地方性、神聖性、儀式性等價值，希望創造為「世界最盛大的鹽祭典」，也是融合宗教、產業、文化、觀光的台灣祭典盛事。近幾年「台灣守護文創」接手經營井仔腳鹽田後，積極支持平安鹽祭的各項活動與宣傳，廟埕廣場布滿五色大旗迎風招展，一籠籠白尖飽滿的祈福鹽，開放給信徒與企業認購。

台灣守護文創將井仔腳鹽田定位成「再造台灣鹽產業的應許之地」，除了以「成功鹽」重新塑造品牌形象，主推二層鹽、鹽花、鹽鹵及系列鹽清潔用品，商業盈餘也投入鹽業人文與地方夥伴關係；另一方面，雲管處積極宣傳行銷井仔腳瓦盤鹽田，陸續獲得世界百大永續故事獎、亞太永續行動獎及台灣永續行動獎，可說是得獎連連。

鹽的生成，需要時間一天一天慢慢結晶；正如井仔腳鹽田的產業地景與文化節慶，以傳統為養分，在公私部門協力共好下，賦與新的時代意義。（文．沈鈺美）

366生日彩鹽是台灣第一套鹽的文創商品。

Info

井仔腳鹽場

- 年代：闢建於1818年，2001年廢晒，2003年復晒
- 地址：台南市北門區北門里井仔腳53-1號
- 電話：06-7861629
- 營業時間：9:00～19:00
- 網址：https://www.tnshio.com/
- 產品：鹽花、二層鹽、鹽鹵、祈福鹽、366生日彩鹽等
- 活動：每年11月平安鹽祭

安南 安順鹽田

穿梭台江內海的時空地景

從台十七線轉進「台南科技工業區」，兩旁是一棟又一棟具設計感的當代廠房建築，壯觀且量體巨大；再轉彎進入通往南寮的安順鹽田小叉路時，兩旁變成低矮的紅樹林，彷如瞬間穿越時空，來到一片綠意盎然且帶著神祕感的奇境。

有遊客的時候，這裡是熱鬧的。偶爾有台南市國中小學生來安順鹽田校外教學，向台南市政府認養經營這處鹽田的「鹽友關懷協會」，由近幾年接手執行長的王正德帶領志工，熱情的引導孩子們在鹽田裡進行各種活動，也特別製作適合學童身高、安全又輕巧的鹽收仔，讓孩子們進行耙鹽體驗，赤腳踩著小鹽堆；在舊社區活動中心改裝的大教室裡，還可以進行彩鹽DIY活動，與頗受歡迎的鹽鹵豆花、豆腐教學品嚐。但沒有遊客的時候，安順鹽田顯得遺世而獨立，時空彷彿靜止於此。

國中小學生脫下鞋子、拿起鹽收仔推鹽，體驗各種鹽田活動。

品嚐鹽鹵豆花是頗受歡迎的體驗課程。

彩鹽DIY可以把各色彩鹽裝進玻璃罐裡，帶回家做紀念。

結晶池裡堆起小鹽堆以吸引遊客目光。

鹽田變工業區，卻因生態讓鹽田復育

追溯安順鹽田的歷史，一九一九年由台灣製鹽株式會社闢建，利用台江內海的四草潟湖與沙洲地形，築堤隔海，是日治最後一處開闢的瓦盤鹽田，規劃與構造均是當時最先進；除了生產天日鹽，也有採鹵鹽田，直接將鹽鹵水輸送到安平煎熬鹽工場使用。而南寮鹽村，就是當年為了安置從布袋、北門招聘來的鹽工，而形成的聚落。

安順鹽田的中心區域設置辦公廳、倉庫及宿舍；同時也開鑿運河並興建碼頭，以小船將鹽接駁到安平港再轉裝輪船輸出。戰後，這裡陸續改建鹽工住宅、設立鹽工診療所、鹽工之家，以及鹽務、鹽警的辦公室與宿舍區等，形成一個兼有場務管理、勞動生產與鹽民生活的「工業村」聚落。

一九九四年台南市政府公告劃設「台南市四草野生動物保護區」，安順鹽田剛好位於保護區內；一九九六年台南鹽場裁廢，將土地轉供為台南科技工業區用地，而南寮鹽村因位處低窪地勢常常淹水，最後配合工業區開發而集體遷村。但保育團體進行環境資源調查時，「意外」發現南寮鹽村與鹽田的產業文化資產價值，二〇〇三年正式以「鹽田生態文化村」為發展定位，開啟了艱辛的復晒之路。

從入口走進南寮，右邊是整建後復晒的鹽田，左邊的廢鹽田經常有候鳥來棲息，運氣好的時候，黑面琵鷺就近在眼前。穿過因遷村而沒有人居住的聚落，「安順吉鹽故事館」是最近兩年才由台江國家公園管理處整建活化的空間，擷取鹽籠、踩水車等鹽田意象，展示這裡當年繁盛的鹽業文化與鹽民的生活故事；利用鹽工舊宅改建的賞鳥亭，有豐富的生態與解說資訊。

日治興建的運鹽碼頭與總督府專賣局台南支局安平出張所，是台南市定古蹟，

日治興建的出張所，已指定為市定古蹟。

生態館入口的門柱上，還保留著當年鹽場的單位名稱。

這裡仍保留著日治時期的鹽田小蒸發池與鹵虹結構。

安順吉鹽故事館，展示當年鹽業風華及鹽村生活點滴。

南寮鹽田生態文化村當年對外公開後，很快就吸引民眾前來體驗收鹽。

出張所空間目前由台南市野鳥學會進駐，假日有志工為民眾導覽解說；還有台江鯨豚館及受傷鯨豚的臨時救護站。台南市公車可以直達這裡，周邊觀光資源有四草大眾廟、四草砲台，另外在四草紅樹林綠色隧道可乘船賞蟹聽導覽，這裡是許多遊客造訪的溼地。

復晒是人與天的挑戰，往前走就有機會

復晒初期，安順鹽田曾是布袋、北門復晒業者取經的對象。產業人文與生態觀光結合的理念受到公部門青睞，當時台南市政府以地方文化館向文建會爭取不少經費，民間也成立「鹽友關懷協會」來認養重建，並獲得勞動部挹注資源，以多元就業人力來修復鹽田，開發木工藝品、豆仔魚布偶等手作文創商品，而人去屋空的鹽工住宅轉型為各種工作坊與展示館，帶來了一些就業機會，也帶來美好希望。

但是，鹽田復晒與經營本來就充滿各種挑戰。安順鹽田外圍堤防破損，水利單位遲未徹底修建好，每逢颱風暴雨就積水逾月，二十年來始終無法正常引海水、排淡水。由於鹽田土地長期浸水，造成土壤結構鬆軟、容易滲漏、結晶池瓦片鬆脫，使得鹽田整建工作特別艱難，好不容易排水後，因水位高低無法有效控管，也同時影響鳥類棲息覓食環境。

多年下來，台南市政府農業局（因屬野生動物保護區，為土地主管單位）、水利局（堤防修繕）、文化局（歷史建築與古蹟）、觀旅局（觀光旅遊發展）等機關的權責，在南寮鹽村與鹽田交織不清，剪不斷、理還亂；台江國家公園在此規劃多年，終於完成吉鹽故事館對外開放，並嘗試辦活動引入遊客；認養經營主體台南市鹽友關懷協會，也歷經人事更迭、紛紛擾擾許多年，在缺乏經費與專業人力下，勉

整修小蒸發池的小土堤。土堤必須拍打結實，有稜有角才是好鹽工的堅持。

強維持產晒及導覽活動，堅定的繼續往前走。

綜觀而論，南寮鹽村與安順鹽田的活化再生之路，有時前進、有時停滯；恰巧就是在天時地利人和上，值得各方繼續努力與期待，更往前邁進。

（文・沈錳美）

Info

安順鹽田

- 年代：闢建於1919年，1996年廢晒，2003年復晒
- 地址：台南市安南區大眾街101巷12號
- 電話：06-2840073
- 營業時間：08:00～17:00
- 臉書粉專：鹽田生態文化村
- 產品：鹽花、粗鹽、鹽滷、彩鹽DIY等

金門 西園鹽場

戰地鹽田的坎坷命運

「來，把雙手展開迎向天空，感受一下風從哪裡來！一隻腳縮起來，想像自己是一隻鳥，停在鹽田堤岸上，享受著金門西園鹽場春天溫暖又溫柔的海風！」二〇二三年三月，在為期二天的西園鹽場地方文化館志工培訓課程上，來自洲南鹽場的講師帶著學員，走進鹽田窄窄的堤岸、踩進淺淺的水裡，示範如何透過五感體驗，認識鹽田的海水、土地、季風與陽光。

重回西園晒鹽，往日榮光難再現

金門最早的製鹽紀錄，可溯及一千年前中國五代後梁時期的浯州鹽場；《金門志》記載，元朝金門共有十處鹽埕，有煎煮鹽、也有日晒鹽；這些鹽埕大多位於金門東北角沿海，其中「永安埕」就是西園

西園鹽場文化館為一金門傳統民宅樣式，門楣上有「叺場作家」題字，代表早期勞資合一的管理方式。

西園鹽場全景。

鹽場，也是金門目前僅存的鹽場。

一九三三年福建鹽務局以交通運輸不便，產量稀少為由，竟然在半夜掘開西園海堤，一夜之間海水湧入、鹽坵毀損，鹽民搶收不及、欲哭無淚；日本占領金門後，一九三八年又徵召當地民眾，依台灣本島的鹽田結構修建西園；戰後西園鹽場一度增建了幾副鹽田，後來又改建成魚塭；迨戰地政務結束後，鹽場歸還給金門縣政府，一九九四年金門縣議會因鹽場虧損嚴重，決議關閉。

台灣官方鹽業史中沒有金門，因為金門的政治經濟產業發展向來歸福建管轄；或許是隔著一道台灣海峽，更多時候是戰地政務的特殊性，讓西園鹽場蒙上一層神祕面紗。正因政權改變與戰地特質，讓金門的鹽業歷經了多次的廢棄與重建、失望與希望交織。

因應磁磚鋪面的結晶池，傳統鹽收仔改以硬膠刮水器來推成小鹽堆，再以水杓舀入桶子來收鹽。

以傳統石輪滾壓土堤，讓堤面堅實平整。

鹵缸設計的位置、大小及深度皆不符合產晒需求。

用小木拍慢慢拍打土堤夯實，是鹽工最耗時間的工作。

西園鹽場的黃色底土，顆粒粗大，也夾雜很多貝殼、碎石。

昔日西園鹽場曾有小火車載運沉重的鹽，二十年前還殘留著鐵軌，如今已看不到了。

早在二〇〇四年，金門文化局就委託台灣的鹽光文教基金會，開始整理相關文獻及文物；接著整建廢棄多年的鹽場建築，二〇〇九年西園鹽場地方文化館開幕，展示金門鹽業歷史、製鹽過程與器具文物，並由文化局派員進駐晒鹽與導覽。

但令人不解的是，西園鹽場委外規劃整建，在結晶池上鋪設的不是傳統的瓦片或酒甕片，而是四四方方整齊的磁磚；結晶池之間的隔板不是木板，而是大理石；而且鹵缸的設計也不符合產晒的實際需求。磁磚鋪面的結晶池如何晒鹽、如何維護？一度引起質疑，但後來負責晒鹽的雇工仍克服困難，晒出細緻的白鹽。

自信建構主體性，才能迎向未來

金門有二百多處古蹟與歷史建築，但西園鹽場只有地方文化館的身分。有別於戰地碉堡坑道、雕梁畫棟的洋樓建築、金門酒廠等觀光景點遊客如織，台灣遊客的金門行，往往沒有安排前往西園鹽場；小三通時代絡繹不絕的陸客，也甚少到此一遊。

在地西園出身的金門資深文史專家黃振良（四度獲得國史館台灣文獻獎及第七屆金門文化獎），多年來考究、收集、整理許多金門鹽場的文史圖文資料，也出版過《浯洲鹽場七百年》等專書，讓文化館內的展板與文物，有更豐富的內涵。每每黃振良老師導覽西園鹽場，信手拈來的鹽業文史資料，都會讓人瞬間穿越時空；而他說起鹽村生活與鹽工勞動時，每一段故事都充滿動人的情感。

西園鹽場最新一批培訓的導覽志工，結訓考驗是要辦理幾場大型的活動，包括DIY、鹽田體驗、鹽村導覽等，消息一傳開很快就報名額滿，活動當天也是熱鬧、歡笑不已，顯見金門人對這裡是充滿好奇與興趣的。然而計畫活動結束後，如何讓金門人持續關心西園鹽場的未來，或許才是更大的挑戰。

透過文化館的展示內容，看得到西園鹽場與金門鹽業過去的故事；走入開闊的鹽田，可以感受到三月凜冽的冷風；在蒸發池蹲下來，可以觀察到金門黃土摸起來、聞起來與台灣鹽田的截然不同。

在西園鹽場文化館（原鹽業辦事處）門楣上有「以場作家」題字，代表早期勞資合一的管理方式：鹽場，是場務員的家、晒鹽人的家、西園人的家，更希望是金門人的家。今日脫離戰地任務束縛的金門，正在找尋自己的定位、自信與光榮；當西園鹽場的鹽越晒越多，鹽堆越來越高時，也代表著越來越得找出自己的主體性、故事性。

或許是受到結晶池底部鋪設磁磚的影響，春天的西園鹽場在水面上結晶出薄薄的鹽之花，看起來特別白細清亮而乾淨，入口有微微苦味一閃而過，尾韻甘甜許久。那滋味，一如西園鹽場的命運，努力的想要苦盡甘來……。（文・沈錳美）

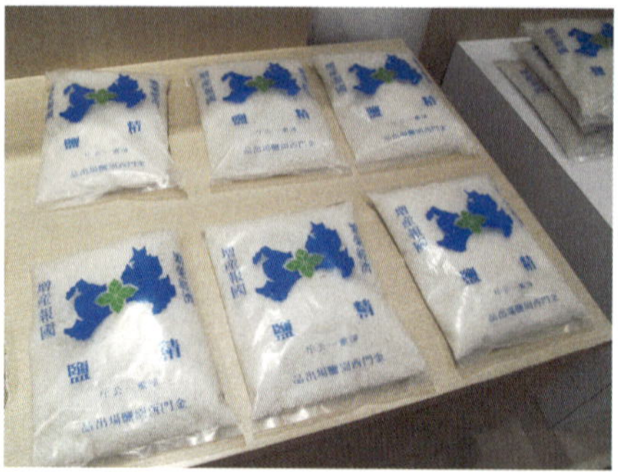
當年金門西園鹽場的精鹽包裝，很有戰地風格。

導覽志工培訓課程，學員踩進大蒸發池水裡體驗。

風獅爺守護西園鹽場數百年。（2004年攝）

Info

西園鹽場

- 年代：1994年關場，2009年西園鹽場地方文化館開幕
- 地址：金門縣金沙鎮西園1號
- 電話：08-2355763
- 營業時間：09:00～17:00（週一休館）
- 臉書粉專：無
- 產品：鹽、鹽花、鹽鹵（未銷售）

長濱 手炒海鹽

海鹽爺爺大鏟炒出阿美族風味鹽

位居花東海岸中段的台東長濱鄉永福部落，阿美族語「慕樂諾斯」（Mornos），意思是初生的嫩草與牙齒，也有美少女茂密黑髮的意涵，是一處背山面海的小坡地。慕樂諾斯部落海鹽爺爺的手炒海鹽、金字塔鹽、刺蔥鹽，在花東海岸地區頗富知名度。

海鹽爺爺將血桐葉對摺，包起些許手炒海鹽，再以泡過熱水晒過日頭的山棕做為綁線，一包小小的手炒海鹽，是遊客來慕樂諾斯的體驗之物。海鹽爺爺常開玩笑的嚇唬遊客、一臉嚴肅的說：「我們阿美族都帶著一小包鹽上山打獵，鹽沒包好的話，就會變成甜的喔！」看著遊客一臉狐疑樣，海鹽爺爺反而咯咯大笑了起來。

回鄉煮海鹽，沒人教就自己摸索

七十幾歲的蔡利木，以前大家叫他「蔡班長」，後來叫他「海鹽爺爺」。一頭白髮、眼神深邃，如太

海鹽爺爺拿著大鍋鏟炒鹽，要避免燒焦。炒好後再把鹽盛撈到大臉盆內。

海鹽奶奶持著大鏟，輕輕刮下鍋邊的鹽。

把剛煮好的鹽，用屋旁隨手摘下的血桐樹葉包裹。包上二層血桐葉後，再以晒乾的山棕綁起來，就是最有阿美族特色的紀念品。

煮鹽的工寮就在蔚藍的太平洋濱，右邊對半剖開的大汽油桶，是用來把海水煮鹹一點，然後再倒入左邊的大鍋中炒煮成鹽。

「金字塔鹽」是海鹽爺爺最亮眼的產品。問他是怎麼做出來的，蔡利木樂歪歪地說：「我也不知道啊！跟老婆吵了一架，心情不好，就乾脆不炒也不加火了，結果隔天起床一看，媽呀！怎麼這麼美麗！那些都市來的主廚、貴婦，都搶著要。」

要煮出晶體明顯的金字塔鹽，得要有十足的耐心跟運氣，煮到快結晶時，不能翻炒，而是要以柴火餘溫跟鹵水的蓄熱，維持緩緩的蒸發作用，慢慢降溫、慢慢結晶，但不見得每次都能成功，隔天早上起來打開鍋蓋，才是驚喜。安聯人壽還曾以海鹽爺爺的金字塔鹽故事，拍攝一支「大海的形狀」企業形象影片呢。

除了手炒海鹽以外，海鹽爺爺也用在地香料推出風味款調味鹽，如加入萬壽菊、月桃果實、馬告、刺蔥等。有趣的是，在這些風味鹽中，以都市人最熟悉的馬告鹽最受歡迎，但馬告是泰雅族慣用的植物，殊不知刺蔥才是阿美族的傳統物產。

晚上住在海邊工寮，吃點在鹽巴辣椒水裡游泳的新鮮蝦子，喝點補酒、盡看星辰、傾耳聽浪。運氣好，不要惹老婆生氣，慢火熅燜，等待海鹽慢慢結晶。有，也好；沒有，也不強求——這就是阿美族海鹽爺爺蔡利木的日常。（文・沈鋕美）

Info

長濱手炒海鹽

- 年代：2009年返台東，2015年開始煮鹽
- 地址：台東縣長濱鄉竹湖村永福5號
- 電話：0975-414890
- 客服時間：09:00～18:00
- 網址：https://mornosseasalt.weebly.com/
- 產品：原味海鹽、雪花鹽、鹽花、刺蔥鹽、馬告鹽、月桃果實鹽、迷迭香鹽、鹽鹵等

海鹽結晶基本上是正方體，運氣好時，會有晶體明顯的金字塔形狀出現，是海鹽爺爺最亮眼的產品。

依炒煮技巧及顆粒結晶樣態，原味、雪花及鹽花這三款是最經典的。

阿美族風味的刺蔥鹽是以葉子加果實晒乾磨成粉，然後拌炒海鹽，最後過篩而成。

大鍋裡的手炒海鹽。

車城 鹽窟仔取鹽

守護家鄉礁岩海岸的黑貓姊

三月初春，跟著車城後灣人稱「黑貓姊」的楊美雲去海邊取鹽鹵，是段奇特之旅。套上頭巾的她，一路穿越木麻黃與銀合歡交錯的亂樹叢小徑，背影堅毅無懼。

穿過海岸保安林，眼前豁然開朗，一片蔚藍大海，潮湧浪聲嘩啦嘩啦迎面撲來。六十出頭歲的黑貓姊，肩著背包、提著幾個空水桶，直接往珊瑚礁岩跳上躍下，謹慎又敏捷，眼光在大大小小的岩窟裡搜尋。「欸，這裡還有一窟，鹽花很多、鹵水也很多，快過來裝！」她轉身呼喚小幫手，指尖拿起一片薄薄的鹽花說：「你看，這都是老天爺賞賜的禮物，閃亮、潔白又半透明，要懂得好好珍惜啊！」

做鹽鹵豆腐，是為了保護海洋環境

曾當過國標舞老師，也曾在高雄開過兩家相片沖洗店的楊美雲，十幾年前回到故鄉後灣居住，沒想到生命因此轉了大彎。當時，後灣京棧飯店開發案有條件通過環評，卻在整地過程中發現數千隻陸蟹死亡。個性豪邁、有義氣又重視生態環境的她，看不下去

天然礁岩壺穴裡的鹽之花，透明、閃亮。

黑貓姊正以大火加速滾煮，沸騰的水氣煙霧瀰漫。
她說炒鹽就像人生，風味不斷在變化，急不得。

就跳出來為家鄉振臂高呼，成立了「後灣人文暨自然生態保育協會」，到陸蟹產卵處巡守解說，收集餐廳空的貝殼做為寄居蟹的家，也常規勸遊客不要干擾環境。

起初單純只是為了保護陸蟹、對抗財團，協會提出生態旅遊的構想，開始導覽社區文化與生態之旅，但慢慢發現遊程不夠好玩，好像少了點什麼。她便開始在社區裡找生活故事，試著帶大家體驗以前長輩會做的鹽鹵豆腐；遊客吃了鹽鹵豆腐，想要買鹽鹵、買鹽，於是就有社區阿嬤去海邊「鹽窟仔」（礁岩壺穴），取天然的海鹽來便宜賣。

一問之下，原來以前很多後灣長輩都會去珊瑚礁壺穴上「掃鹽」，存放在家裡自用；但因為鹽是專賣，也常有鹽警到車城、小琉球一帶取締私鹽，因此掃鹽、藏鹽、藏鹽鹵水等，就成了地方上「只能做、不能說的祕密」，再加上後來精鹽很便宜，很多阿公阿嬤就忘記家裡還有「陳年老鹽」了。

她把老家的露營區改造成「後灣豆腐小學堂」，做為煮鹽與生態環境推廣活動基地，甚至一度夢想讓後灣變成「鹽鹵豆腐一條街」，帶動地方小小的特色產業；墾丁國家公園管理處也曾輔導社區炒鹽及做鹽鹵豆腐，但進行得不是很順利。

黑貓姊強調：「到礁岩取最乾淨的鹽鹵，是重要的第一步，一定要堅持。因為取鹽鹵要掌握環境的變化、潮流與天氣的關係。」每年夏天颱風過後，大浪將海水打到高處，殘留在鹽窟仔裡，接著靠冬季海風與陽光漸漸晒乾蒸發。到農曆過年前後，鹽窟仔會有薄薄一層鹽花及鹹度達波美二十五度的鹵水，此時品質最好。

一旦下了春雨，鹽鹵水的雜質就多了，鹵水也會變淡，更別說梅雨之後到颱風期，即便是陽光炙熱的夏天，也會因泥沙、碎屑等雜質沉澱而品質不佳；因此想取得乾淨的鹽鹵水，往往就要越走越深遠，越得耐心觀察水質的清澈度。

炒煮馬尾藻鹽，溝通海洋議題

堅持細節又追求完美的黑貓姊，一邊進行田野調查、找尋國內外資料；一邊自己摸索煮鹽炒鹽技術，五、六年之後才抓到真正的訣竅。近兩年，許多餐廳對黑貓姊的馬尾藻鹽大為驚嘆，有主廚說，藻鹽有大海味；也有人說吃起來有蔗糖香；更有人形容帶著淡淡的螃蟹味，風味一點都不輸日本的藻鹽。

後灣的馬尾藻生長在中潮帶珊瑚礁上，是海龜的食物，也是潮間帶小生物的家。黑貓姊說，摘取馬尾藻有季節性，二月孢子成熟時，品質與風味最好；但採藻時，要輕巧撥開藻內觀察有無小蝦小魚小蟹等其他生物，避免干擾，然後經過幾次清洗、浸泡、換水，再晒乾好幾天才能存放。

拿出晒乾的馬尾藻來炒鹽時，要先熬煮超過四小時，聞到藻味或柴魚海菜味時，代表褐藻膠已經析出了；同時還要算準時間，開始預煮鹽鹵水、撈出雜質。接著讓藻水與鹽鹵水混合進一步熬煮，從液體慢慢變成濃稠的泥狀。過程中會因為膠質多，鏟子附著鹽越來越重，得雙手不斷翻炒、避免燒焦。鍋緣邊的鹽也不能忽視。只見黑貓姊蹲身挑撿適當的枯枝入灶，控制火候大小，然後一起身，就是雙手俐落翻炒，她說：「炒鹽就

陽光從雲縫裡照下來，海面與鹵水都閃亮著。

當水分越來越少、成為糊狀的鹽膏時，一定要小心刮下鍋邊的鹽，否則會有燒焦味。

使用園區的枯樹枝做燃料，粗細大小都有，才能適當控制火候。

翻炒技巧很重要，火力要先控制好，時而雙鏟、時而單鏟，掌握時間、速度、方向、力道及下鏟的角度才能省力。

馬尾藻要先熬煮讓褐藻膠濃縮出來，然後取出藻體、倒出藻液過濾後，再入大灶與濃鹵水一起熬煮成鹽。

綠島 珊瑚海鹽舖

三代家人的海水綠島夢

「綠島的海水是寶啊！你們都不知道要好好珍惜！」綠島海鹽舖創辦人田丁福，常這樣期待著、也嘆息著。

台灣戒嚴時期的綠島，關押著許多政治犯，是迷霧般的外島；近年來，水下浮潛、玻璃船賞魚等新興的遊樂體驗活動，讓綠島成為盛夏觀光的熱門景點，也是國際級的潛水天堂。但對八十幾歲、世代居住在綠島的田丁福來說，綠島真正的寶貝，是純淨回甘的太平洋黑潮海水，從綠島海水取得的鹽，是可以傳承好幾世代的「仙丹」，擺在家裡彷彿醫生駐點，「以前肚子不舒服，阿嬤會用紅土加鹽水喝下去。」女兒田培真說。

綠島柚子湖地勢平坦開闊，在礁岩上會有薄薄的一層結晶鹽。

像人生，風味不斷在變化，急不得。」直到最後褐色的馬尾藻鹽越炒越乾，離火回溫，放入備好的乾鍋、包覆上幾層棉被保溫、降溫，前前後後需要八至十二小時，隔天再裝瓶，繁複的工序，不能馬虎偷懶，一點也不輕鬆。而熬煮後的馬尾藻，可做為果樹堆肥，改良酸化的土壤，發揮資源再利用的功效。

黑貓姊取鹽鹵炒鹽不是為了賺錢，而是為了提醒大家海洋的重要，彰顯在地人與大自然共存的生活智慧。很雞婆、有活力，多才多藝且閒不下來的她，近幾年認真彈月琴、唱恆春民謠，到附近國小教孩子們、教社區大人，還參加國寶傳藝。黑貓姊彷彿文武雙全的世間俠女，守護著車城美麗的海岸與文化資產！（文．沈錳美）

後灣天然的海砧鹽，有原味與馬尾藻風味。

Info

車城鹽窟仔取鹽

- 年代：2010年成立後灣人文暨自然生態保育協會
- 地址：屏東縣車城鄉後灣路193號
- 電話：0911-037372
- 客服時間：09:00～17:00
- 臉書粉專：後灣豆腐小學堂或楊美雲（個人）
- 產品：珊瑚海鹽、珊瑚馬尾藻鹽、鹽鹵、鹽鹵豆腐、日晒菜脯等

取水煮鹽，由三代共同實現

田丁福說，綠島每年七月會有一整個月海水不會漲潮（語意指潮差小），在柚仔湖、楠仔湖、流麻溝等海坪較平坦的地方，低緩的海岸上會有一層薄薄的鹽。以前還沒用台鹽精鹽時，端午節後會去海邊「擔水取鹽」，或是從海邊取水與鹽回來，用山上的木頭來煮鹽。尚未炒乾仍帶著鹵汁的鹽，就放在鋪有月桃葉的篩籠上，這些收集起來的鹽鹵可以拿來做豆花、豆腐，很Q實。

田丁福當過綠島公館村村長、鄉代、台東農會理事等職，也曾經營過柴魚工廠及鹿茸、鹿鞭外銷。喜歡做生意的他，對綠島海水、綠島海鹽很有信心，常嚷嚷著：颱風過後台灣西半部海水混濁，綠島的海水卻很清澈。但是田丁福的自信與想望，不見得田家人懂。

田家在綠島的地下海井，地面上有簡單造型裝置。

白色恐怖綠島紀念園區前面這片流麻溝礁岩，曾是當地人取鹽及鹹鹵水的地方。

二〇一二年田丁福堅持在公館鼻與牛頭山之間，申請闢鑿一座深達六十公尺的水井，風水師說：「這裡的水脈很好！」當時，綠島人都笑他是傻子。田培真說：「我是老大，爸爸美夢說久了，我好像應該幫他實現這個夢想。」

但該如何做出綠島鹽巴？父女兩人煮鹽「土法煉鋼」各有不同試驗作法。爸爸田丁福把海水盛在淺盤子裡，放在太陽下曝晒，取得的鹽有些髒汙；女兒田培真嘗試用烤箱烤乾鹹水，但溫度要設定幾度、要烤多久，大家都沒把握，而產量太少也是問題。

花了幾年研究各種可能的製程，最後決定用瓦斯當能源、用炮爐及大鋼鍋來煮鹹水；但離島的瓦斯很貴，就將地心抽上來的綠島海水，裝進一噸的大型桶槽，運到田家在台東卑南鄉的住家兼民宿來煮，其實若加上運費，成本還是很高。

第三代田立成（阿成），大學畢業後回到台東，工作之餘兼著幫忙家裡煮鹽。一開始，屢屢燙手，幾次後才掌握訣竅，他把海水炒成泥狀後，一批一批先裝桶起來，等天氣好的時候，再一次把泥狀鹽炒乾成細緻的鹽粒。阿成慢慢摸索出一套不同的煮鹽流程，有自己對火候與時間掌握的節奏，以及對品質控管的要求。

煮鹽像修行，賣鹽行銷不容易

阿成沒有特別喜歡煮鹽，但要說服自己慢慢習慣。起初他常常在阿公的叨念不放心與自己有點勉強的不願意中，情緒擺擺盪盪著；一鍋又一鍋，煮著煮著，年輕阿成原本猶豫不安的心情，似乎跟著慢慢沉澱、結晶。

通常開煮一次就一整天八小時，眼睛看著水滾冒泡、冒煙，煮到某個程度時，水面出現雜質就一勺勺撈起來；再煮到某個程度，會出現一層薄薄的鹽花，就該調

綠島田家三代，阿公的海水煮鹽夢，由女兒與孫子一起實現。

整火候了；繼續再煮到鍋底鹽巴越來越多，就得開始動鏟翻炒，這時候要更專注、心無旁騖。但到底要什麼時機點做什麼動作？都是經驗累積的直覺，想說也說不上來。

他說煮鹽其實好像在修行，大火、中火、小火，鹽巴開始結晶越多，火就要越小，慢煮細炒急不來，要讓雜念蒸發、心緒平和，最後產出的海鹽結晶，才會清爽甘甜。

十多年來，田家嘗試開發過許多海鹽加工品，如可以補充電解質的海鹽錠，有洛神、檸檬口味；有保養品概念的沐浴露、緩膚凝膠、保濕噴霧、海鹽皂等；還有珊瑚鹽可可飲、可做豆花豆腐的鹽鹵水、及可塗抹發癢皮膚的滾珠小瓶；還曾推出一組四款原味、辣椒薑黃、長濱香檬、玫瑰油芒的風味鹽禮盒。

這些找人代工的加工品，許多因市場需求或風味鹽容易受潮等缺失而淘汰，產品線慢慢去繁存菁。近幾年因為煮鹽太費工，乾脆直接用清爽甘甜的地下海井水，手工醃漬做酸白菜、醃台東的梅子，沒想到竟受到許多主廚與消費者喜愛。

阿成目前在台東紅十字會擔任居家服務督導，工作放假時會煮鹽、包裝，有時帶著自家商品在台東關山、鐵花村市集出攤推廣，也曾經長途遠征參加過台北食品展、SOGO百貨的小農展，頗受好評。他對綠島鹽的信心與成就感，是在一次次市集與面對客戶回饋中，慢慢積累出來的；他也期待有一天，海鹽會是遊客滿心歡喜且珍惜著從綠島帶走的伴手禮，或是佐配綠島盛夏的清涼飲品。

綠島外海，擁有太平洋黑潮暖流，島嶼四周都是經時間雕琢的珊瑚礁，在這樣環境下孕育出的綠島鹽，細緻、甘鹹分明；一如田家三代，對綠島的愛、憶、情、念，粒粒分明，卻代代相異。

（文．沈錳美）

Info

綠島珊瑚海鹽舖

- 年代：2012年開鑿珊瑚海井
- 地址：台東縣綠島鄉2之2號
- 電話：0975-328301
- 客服時間：09:00～17:00
- 臉書粉專：綠島海鹽舖
- 產品：珊瑚海鹽、鹽鹵、海水漬酸菜、海水漬梅、梅子露等

直接用地下井海水醃漬的脆梅。

綠島珊瑚海鹽。

四款一組的風味鹽禮盒。

田立成隨著一鍋一鍋的煮，心情似乎也跟著慢慢沉澱、結晶。

煮鹽過程必須不斷調整火候，鹽結晶才會漂亮。

鹿港 浦田竹鹽

窯灶中媽媽燒鹽的味道

「小時候如果肚子不舒服，媽媽會用「『燒鹽』泡水給我們喝」，浦田竹鹽創辦人陳村榮回憶最初的製鹽動機，「我們家族是做竹子的，我想利用竹子來做『燒鹽』，這應該有機會吧！」

陳村榮家族於鹿港經營的「金格簾」竹蓆在業界小有名氣，他從小就在竹堆裡打滾玩耍，對竹子有特殊的感情與想法；而鹿港從日治到戰後八七水災前，也曾經有過天日晒鹽的風光歲月，只是如今已無法尋得鹽田遺跡。用竹子來製作燒鹽，構想很單純，但技術研發過程卻充滿挑戰，陳村榮強調：「一開始的初心，就是希望竹材可以多元再利用，至今一直都是；但竹鹽做為商品，還得面對市場行銷。」

童年的燒鹽，是夢想的起點

陳村榮小時候都需要到竹工廠幫忙，後來台灣許多竹加工廠關閉或外移，連帶也造成竹農生計大受影響，於是引發他以循環經濟來發展竹子多元產品的初衷。他構想以竹子做為容器、鹽是內容，若讓兩者結合，既能讓竹子有新的利用，同時也能讓燒鹽走入生活。竹鹽概念沒問題，但最困難的是燒鹽爐具及相關技術，前前後後共經過四代改良。陳村榮回憶十多年來的研發經驗，第一次試燒在老家三合院，把鹽裝在幾支竹子裡，就放進廚房大灶直火燒製，火快熄了就加柴，把青竹燒成

陳村榮到山裡拜訪竹農。

開窯爐，陳村榮總是充滿期待。

灰。那一次，覺得這樣燒製的鹽，吃起來風味很特殊。

接著一次把四、五十支竹子放進鐵桶裡燒，也成功了，讓他覺得有量產的希望。但是，直火不容易控制溫度，鹽耗損多，且無法達到完全標準化，而直火燒鹽帶來的煙害也是困擾。

陳村榮一度因自動化量產技術無法突破，想要放棄。有一天，他夢到觀世音菩薩跟他說：「這燒鹽工作你要去做，不能放棄。」夢醒後，他百思不得其解。沒想到三個月後，有次與研發五金設備的朋友聊到直火燒鹽的技術問題，朋友竟然說可以幫忙設計隔氧加熱設備，還討論到可以加幾層保護避免鹽巴熔損。依照設計圖製作後，實際測試幾次，再調整，到了二〇一七年，生產技術終於穩定下來。

「厭氧燃燒」技法是以特製的無煙窯爐，以間接加熱方式燒製竹鹽，能高溫、均溫、均壓、完整密閉。值得特別一提的是，原本是直接燒竹尾料，後來成功研發將竹尾料打碎成粉末，再透過超高壓造粒技術，做成生質顆粒燃料；接著又研發出可以自動控制定時投料的模式，讓自動化燒製流程更為精進。他說：「傳統技術不是不好，但是新的技術，可以做得更好、更穩定、更環保。」

森林中溫泉的味道，產品定位很關鍵

二〇一九年浦田竹鹽正式上市；從一開始的起心動念，已整整經歷了十幾年。

竹子的種類很多，燒出來的竹鹽風味也不同，又因為桂竹的鹼性、抗氧化性、礦物質含量都高於孟宗竹，因此陳村榮請家族竹事業多年合作的竹農，提供新竹尖石、苗栗獅潭等地生長四至五年的高山桂竹，每節長度、口徑均一。把海鹽塞入直徑五至六公分裁切好的竹管裡，竹子水分、竹子內膜與鹽的水分，在熱氣蒸發中會

桂竹分段裁切好，將鹽塞入竹筒內，等著入窯。

高溫燒製的鹽柱可看見粗糙凹凸的鹽粒。

慢慢結合，帶來淡淡的溫泉味。

其實陳村榮一開始並不知道韓國也有竹鹽，而是自己摸索了兩、三年後才意外發現韓國有一百多家竹鹽廠，是超過千年的傳統養身祕方。他仔細研究，韓國竹鹽一烤至八烤都約五百度左右，但只有九烤到八百度高溫燒製的竹鹽才有溫泉味；另外日本有幾家竹鹽則是以竹炭磨成粉，再與鹽混合調味。至於浦田竹鹽的燒製技術則是每一烤都以八百度高溫燒製三天三夜，即使是一烤的竹鹽溫泉味也相當明顯，那是因為高溫所帶來硫化物的化學變化，增添了礦物質的風味。

鹽柱外表上半段粗糙，下半段因有竹膜黏附而顯得光滑。

能夠穩定產製竹鹽後，陳村榮進一步發展系列加工商品，包括以三烤竹鹽加入南投信義鄉的馬告、彰化花壇的茉莉花、屏東小農的檸檬，生產三款風味竹鹽，受到許多消費者喜愛，用來增添料理風味；另外還有老薑、球薑、油甘三款隨身包竹鹽；以及竹鹽飴糖、竹鹽咖啡、竹鹽牙粉、竹鹽芳香療癒鹽浴包等，都是頗受歡迎的商品。陳村榮一年要參加好幾檔的食品展、素食展、生技展、醫療展，前面幾年忙於改良技術，如今則是要增加曝光度以建立品牌形象。他常以自身經驗與好氣色為例，竹鹽加水喝，其實就是好喝的生理食鹽水，不僅低鈉、可補充人體電解質、含有微量元素，也可以抗氧化，減緩老化速度。他笑著說：「好比電池用久了功能變差，喝竹鹽水，可以讓身體充電滿滿，又是好漢一條。」

裁鋸成一段段的竹管可塞入鹽來燒製，鋸竹的碎屑與尾料可加工成生質燃料，燒製後的竹炭也有很多高科技的加工用途；浦田竹鹽不僅讓餐桌上多了特殊風味，也讓台灣桂竹走向循環經濟、環境永續之路，唯有跟當代日常生活結合，才能讓傳統再創新生！

（文・沈錳美）

Info

鹿港浦田竹鹽

- 年代：2006年開始研發，2019年正式上市
- 地址：彰化縣鹿港鎮崙尾巷臨222-22號D棟
- 電話：04-7719047
- 客服時間：09:00～17:00
- 網址：https://www.puten.tw/
- 產品：三烤竹鹽、一烤竹鹽、茉莉（馬告、檸檬）竹鹽、竹鹽檸檬糖、竹鹽風味飲、竹鹽咖啡、竹鹽薄荷牙粉等

一烤竹鹽。

四款特色風味鹽。

竹鹽檸檬糖。

通霄台鹽精鹽廠

半世紀的廚房鹹滋味

台鹽的高級或特級精鹽，是台灣人「最熟悉的陌生鹽」。熟悉，是因為出現在台灣家庭的廚房已半個世紀，也是多數餐廳廚師最常使用的鹽，價格親民、鹹味品質穩定，是最大的特色。陌生，是每天煮飯都會用到，但多半不知「精鹽」是如何生產的，消費者多用「一般的鹽」、「平常我們在吃的鹽」來指稱精鹽。

舌間味蕾好朋友，品質穩定純度高

清代以來，台灣人都是食用天日晒鹽；日本人來台灣吃不習慣，先在安平設立「煎熬鹽工場」，以下等鹽為原料溶化為飽和鹵水後進行煎熬再製，顆粒細緻雪白；後來總督府專賣局在鹿港、布袋、北門、烏樹林建了四處「粉碎洗滌鹽工場」，先將顆粒大的天日鹽粉碎，再以飽和鹵水洗滌，去除泥沙使顏色純白。戰後洗滌鹽仍是台灣食用鹽的主流；直到精鹽量產後，洗滌鹽才僅供農工業加工使用。

從天日晒鹽、煎熬鹽、洗滌鹽到精鹽，是台灣人食用鹽四部曲；當然現在還有很多進口鹽了。

當年台鹽派員赴日本考察，引進「離子交換膜電透析製鹽法」，苗栗通霄精鹽廠於一九七五年完成建廠試車、開始量產；近五十年來，除生產一般精鹽外，亦陸續推出碘鹽、氟碘鹽、美味鹽與減鈉鹽等品項，供應全國民生及食品加工用鹽，

通霄精鹽廠高聳的三效蒸發罐設備。

並部分外銷。不過當年精鹽一開始出現在市場上，並沒有馬上被接受，台鹽得透過廣播、廣告，才慢慢改變消費者的習慣。天日晒鹽會受到氣候影響，但精鹽廠在廠房內生產，品質與產量都很穩定，氯化鈉純度可達百分之九十九點五以上，必要時可以全年日日生產，年產量最高可達十萬噸。其製程，是先抽取外海一千五百公尺遠，海平面十公尺以下的海水，先以砂濾設備降低濁度及浮懸雜質，再以精密的離子交換膜（同時可以有效阻隔重金屬、界面活性劑等物質），將海水鹹度濃縮六至七倍，最後再利用三效蒸發罐，以天然氣加熱，減壓真空蒸發結晶成鹽，再進行乾燥包裝。而利用蒸發冷凝水開發的海洋鹼性離子水，也深受消費者喜愛，甚至已經從製程的「副產品」，搖身一變成賺錢的「主力產品」了。

台鹽民營化之後朝多角化經營，通霄精鹽廠特別開闢觀光園區，主題展示「鹽來館」有很多鹽的知識與小祕密；戶外還有親水廣場、海洋溫泉泡腳溪、鹽宗夙沙氏雕像、鹽鄉小棧等各項軟硬體設施，吸引遊客前往。

（文・沈錳美）

鹽來館入口意象是一大包鹽。

Info

鹽與海洋深層水

台鹽是以精鹽為主要產品，海洋鹼性離子水是副產品。有趣的是，台灣東部有幾家廠商以製造海洋深層水為主力產品，副產品卻是鹽，例如：在花蓮設廠的光隆海洋生技、台海生技（台肥集團）、東潤水資源（幸福水泥集團）等，各廠各有不同的製程技術。

以光隆海洋生技而言，是埋管於海床下，總長2.5公里，取618公尺深的純淨海水，利用RO逆滲透、NF奈米過濾、減壓真空蒸煮法等不同技術，可以保留海洋深層水中多種微量元素及礦物質，也可以客製化調和不同礦物質含量的鹽品或飲水，另外還有其他加值產品；台海生技則有一系列利用鹽與海洋萃取物，製造保健、保養品及食品。

海洋鹼性離子水的產值不輸精鹽。

通霄精鹽廠

- 年代：1975年建廠量產，2011年設台鹽通霄觀光園區
- 地址：苗栗縣通霄鎮內島里122號
- 電話：037-792121#825
- 營業時間：平日08:10～17：00；假日08:30～17：00；休園日（除夕及停電檢修日休息）
- 網址：https://tesf.tybio.com.tw/
- 產品：精鹽、美味鹽等各種鹽款，海洋鹼性離子水、鹽清潔沐浴組等

七股 台鹽鹽山

站上白色巨人的肩膀遠眺

七股鹽山是台南熱門的觀光景點，每年吸引大約六十萬遊客前來。只要五分鐘就能攻頂爬上鹽山，放眼四周、一片空曠無垠的景色，讓人著迷；下來後吃根鹹冰棒或喝杯海鹽咖啡，視覺味覺都獲得了滿足。

為什麼會有這座高約二十公尺，相當有六、七層樓高的鹽山？為什麼白色鹽山的「鹽色」，有時灰、有時白？下雨了，鹽山會溶化嗎？遊客對七股鹽山總是有很多的想像。

戰備用鹽，搖身一變成了觀光地景

時光倒回日治末期，為了太平洋戰爭的軍需，南日本鹽業會社在七股、將軍一帶，闢建了兩千多公頃的土盤鹽田，戰後仍一直是台灣鹽的重要產地；民國七〇年代台鹽實施機械化收鹽後，將收成的白鹽集中到這裡，堆放成一座大鹽山，然後再進行洗滌與入倉包裝。

到了民國八〇年代，因七股要開發濱南工業區，反

對的保育團體提出「生態旅遊」做為替代方案，但這座壯觀雄偉的鹽山實在太引人注目了，保育團體刻意塑造其產業人文價值、獨特地景與觀光效益，果真受到媒體青睞不斷曝光，使得遊客緊接蜂擁而來，假日還聚集很多攤販小吃來做生意。

有人潮就有錢潮，原本以晒鹽為業的台鹽公司，慢慢發現到轉型發展觀光旅遊的可能性；外面的攤販管不了、被批評，後來就乾脆納進場內管理。到了民國九〇年代台鹽關場廢晒，再加上民營化要朝多角經營，七股鹽山就直接轉型做觀光旅遊，當時第一個推出的「不沉之海」，還引起很大的轟動。

七股鹽山其實是國家「戰備用鹽」，估計有三萬多公噸的鹽。歷經三十年的發展，從原本的產業地景脫胎換骨變成觀光地景，登爬鹽山也成了觀光客的最愛；但是，下大雨時會將鹽山溶化，造成攀爬的階梯有點危險性，場方基於安全顧慮會進行管制。另外，鹽場已通過環境教育設施場所認證，有三個環教課程方案可供選擇預約；原來好幾棟的巨大廠房與倉庫，除了有「一見雙雕」藝術季活動（鹽雕與沙雕，但台南四百年系列活動增加了光雕）歷年作品，近兩年也規劃了幾檔精彩的台灣鹽業文化展示，相當用心。

登上七股鹽山，可以遠眺四周開闊的地景。

至於鹽山外表有黑有白，主要是因落塵而變灰變髒，再加上下雨會溶蝕鹽堆，七股鹽場為了維持鹽山的高度與外觀，每年都要花一筆經費用進口鹽來局部「美白」。同時，為吸引遊客來拍照打卡，場方每年也都會在「半山腰」的小平台，設置一座吸睛的超大型裝置藝術品，造型年年不同；但基於安全考量，必須在梅雨季溶蝕鹽山基座前吊下鹽山，而在園區各處尋找歷年作品拍照，是收集迷的最愛。

（文・沈錳美）

台南四百年特別規劃七股鹽山光雕。

遊園小火車。

七股鹽山上的裝置藝術品，2023年首次以鹽業勞動意象為主題，開幕時還搭配舞蹈演出。

Info

七股台鹽鹽山

- 年代：七股鹽場闢建於1942年，2002年廢晒後轉型發展觀光
- 地址：台南市七股區鹽埕里66號
- 電話：06-7800511#49
- 營業時間：冬季08:30～17:30（11月-2月）；夏季09:00～18:00（3月-10月）；休園日（除夕及政府公告之颱風假休息）
- 網址：https://cigu.tybio.com.tw/
- 產品：鹹冰棒、七股鹽山限定版鹽皂、面膜、清潔沐浴組等
- 活動：一見雙雕展、鹽工主題展、鹽山裝置藝術展

鹽山鹹冰棒是遊客到此一遊必吃的產品。

台灣鹽博物館，高聳的金字塔造型與七股鹽山遙望對峙；館內展示著台灣鹽業的歷史與文物。

輯四
職人指尖
那一撮鹽

鹽始終是料理的最佳配角，
當鹽消失於無形時才成就一道料理的美味。
鹽不只有鹹味，還帶有風味，
進而能放大味蕾的感受。
當人類開始懂得運用鹽，
啟動醃漬、發酵和熟成作用，
我們的飲食世界因此變得豐富精彩。

本輯記錄了晒鹽人、主廚、麵食師傅、燒烤手、
配飲師、飲食作家和主婦們的用鹽心法，
看他們如何突破鹽巴渺小尺寸的限制，
放大鹽轉化的力量，
啟動料理的科學，
做出好吃的食物，
甚至建立鹽產業、推廣台灣風土物產，
成就並守護理想的生活方式。

台南「阿霞飯店」主廚吳健豪，
客製化三點五毫米顆粒鹽，
製作出鹹度降低、但濕潤度更好的烏魚子；
飲食生活作家葉怡蘭形容
在爐火邊感受下鹽的片刻：
「猶如魔法般，整鍋湯的香氣都改變了。」
燒鳥名店主廚湯仲鴻也說：
「看似簡單的鹽，
卻是各家燒鳥店的祕密武器。」

職人們微觀鹽巴，
他們感受鹽花，
崇敬如此細小卻又強大的力量。
他們的鹽主張，
揭示了
鹽不僅是工具、也是魔力；
鹽，其實是風味的領航員。

曬鹽人

海鹽風味是職人的技術驕傲

蔡炅樵

蔡炅樵　「洲南鹽場」創辦人，曬鹽資歷17年

蔡炅樵及太太沈錳美這對「鹹伉儷」，攜手在鹽產業中同時建構論述。

「洲南鹽場」創辦人暨「首席晒鹽師」蔡炅樵在二〇一三年正式推出鹽品，發表「水地風光人晒鹽」七字訣，公開洲南鹽場的「DNA鑑定」，指出礦物質、微生物及氣候風日條件是決定鹽滋味的要素，他不僅成功吸引料理人和食材研究者關注風土、職人技法對地鹽的影響，也讓更多主廚開始選用台灣鹽來入菜。

蔡炅樵曾經擔任報社記者，長期記錄地方文史，一九九六年和友人共創「布袋嘴文化工作室」，透過田野文史調查、書寫、收集老照片等活動，試著分享土地與生活記憶的感動。為了讓地方文化工作能永續發展，二〇〇二年「嘉義縣布袋嘴文化協會」正式登記立案，除了執行文化資產維護任務、環島記錄荒廢的鹽場，他心想：「除了拍攝荒涼鹽田、破舊建築，收集文物照片，難道鹽田就往事只能回味嗎？」於是，二〇〇八年在文化部與嘉義縣政府等補助下，逐步展開「重建洲南鹽場」的復晒之路。一路走來，他不僅請老鹽工教他晒鹽，自己在鹽田裡摸索技術，推出節氣產品「旬鹽花」，甚至還串聯全台鹽職人，舉辦鹽論壇、跨界研發鹽產品；二〇二三年他更領軍各地的台灣鹽職人，一口氣集結十款台灣鹽攻進頂級餐廳。

我的鹽主張

礦物質、微生物及氣候風日條件是建構洲南鹽場鹽品滋味的三大要素，為日晒海鹽帶來細緻的風土差異。

決定鹽滋味的三個DNA

「生產在不同環境，由不同晒鹽人晒製出來的鹽，風味都會不同。」蔡炅樵舉例，世界各地產區的紅酒受到葡萄品種、土壤、氣候、雨水、陽光、製酒技術等影響，風味變化極大。台灣阿里山烏龍茶、日月潭紅茶、文山包種茶、東方美人茶，喝起來也有不同的山頭氣。因此，他整列出一道「海鹽產晒方程式」「（海水＋土地＋季風＋陽光）×人＝鹽」，可套用解釋各地的鹽特色。

即使在同一片鹽田裡，不同年分、不同季節，都會有不同鹽滋味。蔡炅樵進一步地分析礦物質、微生物及氣候風日條件，是建構洲南鹽場風味的三個DNA。

第一個DNA是礦物質。當海水中的礦物質結晶立體了，鹽氯化鈉的鈉是鹹味，鈣是甜味，鎂是苦味，鐵、鉀是酸味。不同海域裡海水的礦物質（海洋微量元素）不同，為日晒海鹽帶來些微的風味差異，同時也隱約影響了對食材的風味作用。

第二個DNA是微生物。海水裡有許多藻類、菌類，這些肉眼看不見的微生物會在海水蒸發鹹化的過程中新陳代謝，分解出蛋白質（胺基酸）、醣類（碳水化合物）及脂肪（熱量），這些風味物質也會影響海鹽味道。其中，富含類胡蘿蔔素與葉黃素的杜莎藻（Dunaliella），會讓晒出來的鹽，帶有類似昆布高湯的胺基酸風味，這也是洲南鹽場刻意凸顯的特色。

第三個影響鹽味的DNA是氣候風日條件。洲南霜鹽的產季大約是每年十月到隔年二、三月，冬天日照短、溫度低，海鹽結晶的速度緩慢，鹽顆粒比較密實，礦物質含量較高；到了春天每年三到五月，陽光漸漸強烈、日照長、氣溫高，鹽的結晶速度較快，這時候就到了鹽花採收的季節。

蔡炅樵舉例，就像洲南鹽場的「鹽花」，主要由「礦物質」決定風味，是料理

由蔡炅樵（圖左）領軍的「洲南鹽場」，是晒鹽、也產出鹽知識的鹽產地。

鹽田復晒不只留住文化地景，也是推動食農教育的場域。

時的萬用基本款；明星產品「藻鹽花」，是因為杜莎藻代謝旺盛時而有濃郁的胺基酸風味，這是由「礦物質＋微生物」共同主宰而創造的風味款。

洲南鹽場還有一系列人氣鹽品「旬鹽花」，是以二十四節氣命名。蔡炅樵指出：「有時持續多日烈陽無雨，藻香氣越來越濃厚，類以昆布高湯的鮮味會更明顯。」蔡炅樵每年分批採收，還會「鹽選」能反應當年氣候的「年度特別款」，例如：二〇二一年春雨遲來的「小滿0523」以及二〇二一年梅雨過後仍晴雨不定的「大暑0723」；換個角度來理解，旬鹽花其實就是「氣候變遷特別款」。

用鹽最佳時機：入味、調味、提味

除了晒鹽，蔡炅樵也在不同的場合分享品鹽和鹽的用法。了解鹽作用的機制，才能由裡而外調整食物的風味及質地。蔡炅樵指出用鹽的三個最佳時機：入味、調味、提味。進行料理「備置前」先以鹽或鹽水輕漬，稍微改變一下食材質地，這技巧是讓「時間入味」。在料理「過程中」加入適量鹽巴，進行均勻的翻炒或攪拌，將食材風味提升到入口最佳狀態，這是「適口調味」。若是料理「盛盤後」輕撒或沾鹽巴，讓鹽的顆粒感或脆口感隨著咀嚼食

颱風即將來臨，蔡炅樵忙著搶收水面上漂浮的鹽花。

晒鹽資歷已有17年的蔡炅樵，做起收鹽勞動架式十足。

物，一口一口溶化與食物結合，創造每一口不同的層次感，這就是「沾撒提味」。

只要掌握「備置前／時間入味」、「過程中／適口調味」及「盛盤後／沾撒提味」三個原則，料理使用鹽的時機大致不會出錯，也才能品嚐出鹽的真正風味。

（文．林嘉琪、蔡炅樵）

單品鹽花的滋味三重奏

春夏之際，鹽鹵水表層因陽光強烈而迅速結晶，會在水面上漂浮薄薄的一層「鹽花」，通常中午過後開始出現，日落前必須採收；但台灣傳統晒鹽工序中，鹽工會將鹽花打落下沉，讓它繼續結晶成大顆粒粗鹽。

在台灣的飲食文化中，並沒有將鹽花用在料理上的習慣，到了2004年開放國外鹽品進口之後，來自法國葛宏得（Guerande）鹽田的鹽之花，才開始被視為珍貴的高檔調味食材；通常是料理盛盤後，將鹽花輕撒於食材上，簡單提味。

單純品嚐鹽花的滋味，入口輕咬，會有結晶體瞬間碎裂的「脆薄感」；接著鹽粒碎開3～5秒之後，某個瞬間會蹦出較明顯的「鹹味感」；最後鹽花在口中慢慢溶散開來，會有回甘、微酸或略苦等滋味的「尾韻感」。

在不同氣候條件下採晒，厚藻鹽、藻鹽、旬鹽花和霜鹽的鹹甘風味各不相同。

飯店主廚

客製化3.5毫米顆粒鹽醃漬熟成烏魚子

吳健豪

吳健豪 | 阿霞飯店主廚，用鹽資歷13年

阿霞飯店鎮店名菜「紅蟳米糕」，蟹黃飽滿，米飯Q糯。

台南老字號台菜餐廳「阿霞飯店」今年八十三歲，目前由第三代傳人吳健豪擔任營運者暨主廚，他保留家族老菜單，持續端上宴客菜「炭烤烏魚子」、「紅蟳米糕」；手路點心「豬肝捲」、「蟳丸」、「蝦棗」；小吃「生炒鱔魚」及家常菜「西瓜綿魚湯」等料理，這些經典古早味，還原老台南人對鹹味、海味及發酵食的技藝詮釋。

「阿霞飯店」是保存老台菜的重要基地。歷任總統蔣經國、李登輝、陳水扁、馬英九都曾是座上賓；帶有復古情懷，以圓桌宴客的阿霞飯店也是台南人款待賓客、家族聚餐的首選餐廳。開餐前，在門口炭烤的烏魚子脂油香氣隨焰火飄散，帶來氣派的儀式感；首先上桌的頭盤裡，烤到外表金黃的炭烤烏魚子，是最迷人的冷盤手工菜。

講究鹽漬步驟，控制烏魚子濕度鹹度

吳健豪偏愛選用野生烏魚子，因為風味濃郁富有層次。烤的前一天不沾酒、只用水沾濕後去膜，再陰乾一晚；開餐前一個半小時，起炭、升火，烤到外層起泡微焦香，斜切成片，現出內層濕潤有如溏心蛋的斷面，搭配青蒜、白蘿蔔片，滋味辛香鮮鹹，甜潤相滲，海味在味蕾上綿延。

我的鹽主張

用心計較鹽顆粒的大小，講究鹽漬步驟，從料理人角度時時掌握食材狀態和風味轉化。

每天在「阿霞飯店」門口現烤烏魚子的場景，澎湃大器。

台南「阿霞飯店」第三代傳人吳健豪，詮釋的台菜帶有豐盛的神采。

不過，只跟漁家收品質極好的烏魚子，已經無法滿足吳健豪想要的風味，因為他還想要「創作」專屬的「霞味烏魚子」。有了這個念頭後，吳健豪和弟弟吳偉豪每年冬至前後，會包下合作船家的烏魚生卵，選用嘉義「洲南鹽場」的粗鹽來鹽漬熟成烏魚子。

鹽漬時間要視烏魚子的「扮頭（指大小規格）」而不同。「漂亮的十四、十五兩的烏魚需要鹹漬一小時五十分鐘，四兩至八兩的大約一小時」，吳偉豪表示：「我們請洲南鹽場把粗鹽打成我們要的二點五到三點五毫米，顆粒感介於粗鹽與食鹽之間。」用心計較顆粒的大小，是因為鹽粒粗細會影響烏魚子鹹度，「精鹽容易被吸收太多而過鹹，太粗的粗鹽又入不了味」。

若以相同的鹽漬時間計算，用三點五毫米顆粒鹽醃漬的烏魚子，比用精鹽醃漬的濕度略高、鹹度降低，可是不夠鹹就容易腐壞，所以接下來加壓脫水的動作很重要。

製作烏魚子的另一個重要階段是施壓入味和脫水程度。餐廳裡建置有溫控室，鹽漬好的烏魚子得在這裡「通過壓力測試」才會好吃，「烏魚子放在厚木板上重複層疊五個層板，第一天施壓八十公斤去除水分，第二天加碼到一百公斤，第三天一百二十公斤、一百四十公斤、一百六十公斤……，越壓越重，去除水分。」吳偉豪指出，剛剛鹽漬的烏魚子還很脆弱，施壓太重會壓破魚子，得像重訓一般，慢慢增加重量，反覆操作，待魚子水分越少、質地越密實，保鮮程度更好。

吳健豪兄弟倆講究鹽漬步驟、觀察烏魚子濕度和鹹度的變化，從料理人的角度掌握食材狀態和風味轉化，兩人不讓西餐料理主廚們獨享「創造食材風味」的發言權，而是重新詮釋鹽漬、發酵技法，端出現代版辦桌料理，難怪有老客人說：與其說是「阿霞飯店」，這裡其實已成了「阿豪飯店」。

特調醬汁炒鱔魚，考驗炒功、落鹹時間點

吳健豪十三年前接班阿霞飯店時，炒出來的「生炒鱔魚」常被老客人打槍，於是他跑遍全台南吃炒鱔魚，勤練炒功，不停地實驗調配出以醬油與五印醋為主的特調醬汁。

來到廚房裡看吳健豪炒鱔魚，爐底下竄出的烈焰衝頂，他俐落翻動炒杓，快速倒入預先調好的醬汁，魚片、洋蔥、辣椒翻躍起落，全程需在四十秒內衝刺完成，搶時間起鍋的「霞味生炒鱔魚」鑊氣騰騰、番薯粉薄芡把醬料均勻裹覆在魚片上，氣味酸甜爽脆。

肉質薄彈的鱔魚考驗炒功，全程火勢大、加熱時間短，偏偏要加的調味料那麼多，包括有醬油、米酒、糖、五印醋、白醋和胡椒粉，吳健豪會預先把醬汁全部調好，待大火快炒，淋醬拌勻，懂火候、判斷「落鹹」的時間點，是彈脆又入味的關鍵。

現在「霞味生炒鱔魚」已是招牌菜色之一，老菜就是得要有人繼續吃，才能被保留下來。（文・林嘉琪）

吳健豪扞鼎灶，烈火快炒、紅焰騰騰。

宴客大菜「滷腿庫」以醃製的筍乾襯底，在濃郁肥腴之間點綴微酸。

「霞味生炒鱔魚」，鑊氣足，爽脆夠味，「落鹹」的時間點是關鍵。

台南家庭餐桌上常見西瓜綿魚湯，酸津回甘可消除南部氣候炎熱而欲振乏力的胃口，「西瓜綿」是用瓜農疏果後的小果加鹽巴醃漬而成的醃瓜。

Info

阿霞飯店

- 地址：台南市中西區忠義路二段84巷7號
- 電話：06-2256789、06-2231418
- 營業時間：11:00～14:00、17:00～20:00（每週一、大年初一公休）
- 刷卡：可。內用收1成服務費。

家之味
烹飪師

以鹽創造家常味道的保存食

陸莉莉

陸莉莉｜料理研究家、烘焙專家暨《米通信》成員

懂得以鹽製成家常保存食，煮出充滿家人回憶的家之味，是珍惜樸實的日常，也是追求簡約生活的人們必備的料理常識。位於北投的一棟六十四歲老宅，在不鏽鋼流理台混搭木造層櫃的廚房裡，馬家第三代媳婦陸莉莉正在爐火前忙碌，她是料理研究家暨烘焙專家，也是《米通信》（一本專門介紹台灣米的刊物）的成員，廚房是她為家人日煮三餐的基地，飯桌是她的料理研究區。

陸莉莉曾與夥伴環島拜訪稻農，帶回台東池上高雄147號香米、花蓮富里高雄139號、台南後壁台南16號等十幾款米種，為了測試米種風味，她同時抱出近十顆土鍋，一鍋一款米依不同米性烹煮，把熱熱的土鍋一口氣端上廚房圓桌同時掀蓋，一場煙氣蒸騰的米研究會就發生在尋常的民宅裡。

從產地到餐桌料理的力行實踐者

由於勤於手作和掌握世界烘焙趨勢，陸莉莉是多位台灣世界冠軍麵包師傅前來請教的風味導師，像是近來烘焙界席捲研發義大利水果麵包潘妮朵尼（Panettone）、中秋節前搶手的話題蛋黃酥、各種風靡又或復古流行的水果三明治、生吐司、羅馬生乳包（Maritozzo），還有中式的糕餅粿食等，許多師傅會在開賣前送來向她請教看法。這位溫暖的地方媽媽，是他們心中嚴格的烘焙前輩。

陸莉莉也是力行從產地到餐桌的料理實踐者。她在高雄田寮區看到農友朱明發種的樹豆，在屏東車城鄉後灣村嚐到馬尾藻鹽……，她回家之後就用這兩種帶有風土感的物產製作「樹豆味噌」；有農友送給她金珠黃豆，她珍惜地自製豆香芳華、濃郁綿密的家常豆腐，豆子還剩下一些，她留著再做成另一款「金珠黃豆味噌」。

我的鹽主張

勤跑產地、樂於手作，加鹽自製的調味料及保存食，帶給家庭料理多變醇厚的風味。

「樹豆是部落裡常見植物，是傳統泰雅族、排灣族、魯凱族、阿美族的主食之一，卻是市區少見的食材。有一次朱明發菜園裡的樹豆大爆發，我就收來做成樹豆味噌。」陸莉莉形容樹豆味道醇厚，帶有野味，香氣就像是在山林生活般奔放；金珠黃豆相對柔和，用來做基本料理很百搭。她也很欣賞在台灣最南端醬油工坊「皇珵醬油」創辦人簡志斌，以科學實驗手法釀製醬油的態度。「簡志斌的堅持，簡直像是用釀造清酒的手法在做醬油。」她說簡志斌為了追求理想的醬油風味，堅持親自育種出理想釀醬的大豆品種，並實驗分離適合台灣的麴菌，因此做出來的米麴、豆麴，風味乾淨，於是陸莉莉就拿來做成日式甘酒、蔭冬瓜。

自製常備調味料及保存食

老宅的毛玻璃把灰白色的光線引入屋裡，淡淡光暈柔和地映亮擺放在角落的樹豆味噌、蔭冬瓜和蔭越瓜，一罐罐保存食以木桶或密封罐收藏，並貼上「2022年5月6日朱明發樹豆＋蔡老師米麴＋黑貓姊馬尾藻鹽」、「冬瓜：皇埕豆麴、147米麴、鹽、糖和甘草」等註記，重描陸莉莉奔走產地的採集軌跡。

勤跑產地、樂於手作，梳理食物的滋味，陸莉莉從家庭料理中建立起一套食材風味系統，她指出：「這些加鹽自製的調味料及保存食，用來醃肉、醃魚、煮味噌火鍋、調配關東煮沾醬，帶給家庭料理多變醇厚的風味。」陸莉莉對飲食世界的閱歷，權威型的烹飪知識，讓許多名廚、麵包大師及飲食相關工作者都被圈粉。

（文．林嘉琪）

陸莉莉手釀樹豆味噌、蔭冬瓜，蘊含她疼惜農友辛勤耕作的心意。

陸莉莉的料理和她的大餐桌，是一幕迷人的風景。

也是家之味；友善耕作、手作發酵的「共農共食」

在台東鹿野的曾樂天（樂天）和童亞琦（琦琦）追求自然派的簡約飲食生活，共同創辦永續飲食品牌「共農共食」，推廣實踐友善耕作、減碳飲食等永續飲食理念，日常生活更勤於手作鹽製發酵食，自製味噌、香料鹽麴、酸筍和康普茶。

例如：「百香檸檬海鹽康普茶」是把新鮮百香果、檸檬、檸檬皮、海鹽加進康普茶茶湯，發酵的果汁疊加酸鹹甜甘等風味，比起鮮榨果汁的酸甜感，多了大人味的醇厚後韻；「酸筍冷湯」則是將新鮮筍子切絲，加開水、生米粒和鹽巴，整個「起酵過程」必須細心觀察鹽度的變化、攪拌。

樂天指出：「不同的鹽產地有不同的微量元素，為海鹽、山鹽、湖鹽、土鹽、井鹽帶來不同的風味，風味各異的鹽有適合搭配的食物，有時可以抑制菜色中的苦味、增添甘味或柔勻酸味。」她認為鹽巴是料理中的小小調味，也是支撐她們追求簡約生活的強大力量。

曾樂天（右）、童亞琦（左）和動物們一起住在快樂農場。

用生米粒、鹽巴發酵的「酸筍冷湯」，酸鮮開胃。

加海鹽調味的「百香檸檬海鹽康普茶」（左）和「洛神鳳梨康普茶」（右），以鮮鹹回甘收斂酸溜。

曾樂天手作發酵食，每一罐保存食都是她耕種的延伸。

配飲師

藍大誠

公開鹹味搭飲與調飲的祕訣

藍大誠｜茶職人，冉冉茶事*ZENZEN THÉ*創辦人／茶風味總監藍大誠出身台灣南投茶香世家，對他而言，茶似乎是與生俱來就存在的，先天的薰陶加上後天的探索努力，現在的他是一位對風味有相當敏銳度且研究深入的茶職人，甚至被稱為「風味轉譯者」，透過他理性的分析、生動又精確的感性描述，將人們帶入風味與感官的世界裡，餐與飲品的配搭也是他的強項，並著有多本風味與茶飲的相關著作。

鹹是風味的地基，擁有眾多風味表現

藍大誠以自身研究經驗，提供鹹味搭飲與鹹味調飲的心得。他認為風味是有路徑的，例如：香檳細緻的氣泡，會把風味往上帶；熱溫，會讓風味變得蓬鬆膨脹，同時使風味往上飄；冷溫，會讓風味有收束之效，讓味道出現斷點。而鹹跟酸，則是把風味往下帶，他指出「鹹是風味的地基也是引路人，它指引著味型往前走，猶如GPS」。

他說「鹹」是一個比風味結構還重要的地基，不夠鹹，其他味型就撐不起來，而只要多用一點點鹹，就能提供足夠的黏稠度，成為其他味型扎實的依靠；鹹可以讓其他味型花枝招展地長出自己的樣子，一起往要去的目標前進。

鹹味在食物上有眾多表現，例如：發酵的鹹（如：老菜脯）、醬香的鹹（如：豆豉）、陳年的鹹（如：風乾火腿），都是鹽以附帶的方式呈現鹹味。身為鹹味搭飲者，他認為面對不同的鹹，茶本身有對應的味型可以銜接，都算好處理。像生魚片這類較為直接的鹹，適合搭配偏輕發酵的茶，像包種、綠茶類的茶湯；而醬油這一類帶有發酵的鹹，搭紅茶、紅玉、正山小種紅茶，可以使鹹帶出鮮

我的鹽主張

鹽所代表的鹹，既是味型的地基，也是風味的引路人，與食材搭配擁有眾多的表現。

這款布里歐麵包上撒了鹽之花，鹽在此扮演重要的角色，除了能支撐布里歐較多的油脂，還可以鹽顆粒的脆度增加口感，並帶出鮮味。

這道「花蓮蜜筍｜黃金糯麥｜櫻花蝦」裡有味噌，味噌屬於發酵的鹹味，藍大誠認為，搭配京都宇治煎茶，會帶出飽滿的鮮味。

味；若像陳年菜脯的鹹，則適合搭配像普洱這類老茶。

雖看似無往不利，然而還是有鹹味大魔王，那便是廚師們常用來彰顯台灣味的烏魚子。「我最害怕遇到烏魚子，它鹹度高且常帶有內臟味，而且往往乾硬或以一整片的姿態出現，存在感很強。」藍大誠說他會提醒合作的廚師，不要採用一整塊烏魚子（尤其還帶皮），那很危險，畢竟茶濃度比較淡，會稀釋掉食物的鹹味，內臟味就會變得非常明顯。「破解之道就不能用茶了，我個人偏好是拿出清酒，它的質地有黏稠的包覆感，使兩者搭起來很棒。」

鹹味飲料往往鹹與甜並存

鹽除了出現在食物上，鹹味在飲料中也大有可為，像是歷久不衰的楊桃汁、鹹檸七（鹹檸檬加七喜汽水的飲品），往往鹹與甜同時並存。他說幼年時喝過楊桃汁，但沒意識是鹹味調飲；真正對鹹味調飲有印象，是在泡沫紅茶店喝到「海鹽綠」——綠茶上覆蓋厚厚的鮮奶油，並撒上海鹽。

出社會後，他在酒吧喝到「萊姆伏特加（Vodka Lime）」——檸檬汁與伏特加的調飲，杯口上沾鹽。那時他對味道已經有更敏銳的覺察，「它有兩個層次的表現，第一是在杯緣的鹽，有脆的口感；第二是當鹽溶入伏特加時，會提高汁液的黏稠度，鹹與一點點甜的黏稠度可以包覆強悍的酒精感，而檸檬在此只是配角，它讓酒體變得更輕盈清爽，解膩而已，各有不同功效。」

他認為鹽加入飲料中是可行的，像是台灣恆春港口茶、德國鹽味精釀啤酒等，只是調配過程要特別注意溫度。他說：「如果要做成鹹味調飲，最好用在比較清爽感的飲料，像萊姆伏特加。如果是乳狀飲品，就要用低溫讓它收束。你想像一下，

藍大誠以飲品「萊姆伏特加」的概念來設計這道菜，以香料鹽醃漬過的生魚片，搭配橄欖油、酸豆、芝麻葉，鹹可點出酸味。

如果海鹽奶茶回到常溫，會不會很噁心？會，它會變得非常噁心。海鹽奶茶加很多鮮奶油，鹽加鮮奶油會使鹹度膨脹，而它加入冰塊，為的就是用低溫收束膨脹感，使它成了一款受歡迎的飲品。萊姆伏特加也是，如果是常溫，會變得超嗆，因此勢必要放入大冰塊，用低溫收束整個口感。總歸來說，要做鹹味調飲不能只想到味型，勢必還要顧及到溫度。」

透過他對鹹味搭飲（Pairing）與鹹味調飲的專業分享，更能清楚鹽在風味上的定位與扮演的角色，在風味的路上，鹽真是一門很深的學問。

（文．陳靜宜）

此道料理上撒有烏魚子粒，藍大誠建議餐點如有烏魚子的話，搭配日本清酒，可包覆掉內臟等雜味。

此道料理是以豬骨、日本淡醬油加蜂蜜熬煮出鹹、甜、鮮的醬汁。藍大誠認為搭配煎茶，可以帶開較濃郁的醬香，引出後面的鮮跟甜味。

藍大誠出身台灣南投茶香世家，是一位對風味有相當敏銳度且研究深入的茶職人。

飲食作家

好鹽具有改變食材滋味的魔力

葉怡蘭

葉怡蘭 | 飲食旅遊生活作家

葉怡蘭自家烤肉餐桌，由圖左下角的調味盤，顯見鹽是她家中重要的調味品。

葉怡蘭是台灣引領風味探索的先驅者，也是長年從事飲食寫作、講座分享的知名作家，她的作品橫跨飲食文化與趨勢、食材、茶、酒、旅館，以及生活美學等領域。

談論地方風土是近年台灣的顯學，然而早在二〇〇七年，她的〈說鹽〉一文就已經透露對鹽的驚嘆與分享鹽的美好，她形容鹽：「有的在舌面上溫和地徐徐盛放；有的氣味深重，但在猛烈一擊後餘韻輕盈地向上飛升；有的細緻細微地如煙般瞬間融化無蹤；有的在輕咬下呈現酥脆清脆的獨特質地；有的堅硬強悍、個性十足。」

改變烹煮習慣的手工鹽

葉怡蘭並非一開始就對鹽一見傾心，反而從小對鹽存著壞印象，起因於掌廚者的閃失，讓她吃到了結塊鹽，於是留下不小的陰影，她說：「從那時起，我變得有些神經質，就算長大後自己煮菜，菜上桌後發現忘了加鹽，也不會當場撒鹽，而是重新端回廚房爐火上，下了鹽後再加熱，確保鹽均勻溶解。」

而對鹽觀感的戲劇性轉折，是在一九九八年法菜教父艾倫・杜卡斯（Alain

我的鹽主張

手工鹽的世界浩瀚，依產地不同而有多變的風土滋味，讓人著迷、四處蒐羅。

食材上有未溶的（手工）鹽粒，葉怡蘭能感受它提升食物鮮度的美好。

手工鹽的鹹能提升食材的鮮與甜，圖為葉怡蘭家餐桌上的鹽味水果玉米炊飯。

Ducasse）來台客座的一場餐宴上，當時她嚐到撒了鹽粒的烤犢牛肉，按照她過去的認知，會視為一道失敗的作品，然而她那刻的反應卻是：「天啊，這什麼東西？那個鹽，有味道、有質感，而且使周遭與它相伴的食材，都變得風味很立體並且閃閃發光。」她後來才知道，那正是法國葛宏得（Guerande）鹽區的鹽之花，也才明白原來世界上有與化學精鹽不同的手工鹽，成為她的啟蒙。

自從有了手工鹽，她的烹煮習慣也隨之改變，現在即使（手工）鹽不溶於食物，也能享受因為點點鹽粒提升食物鮮度的美好經驗，並且可以在菜上直接用鹽罐撒鹽了，她說：「熬煮一鍋湯，我常會直到熄火前的最後一秒才下鹽，對一個做菜的人來說，下鹽那刻非常過癮，因為像魔法般，整鍋湯在下了鹽之後，香氣完全改變。」

鹽世界的無比浩瀚讓她著迷

二〇〇一年的一趟法國巴黎旅行，讓她學習到鹽領域的無比浩瀚，她說：「當時走進拉法葉百貨公司的超市，我的世界就改變了，我見識到一個以風土做為思想核心的一整個食材體系。過去認知中的單一產品，如巧克力、蜂蜜，是以產區、產地、製法、品種分類成一大櫃。現今坊間雖然有很多超市也按此方式陳列，然而二十年前，這家超市是我心中食材與風土的聖堂。」

後來，葉怡蘭花費更多時間到日本探索鹽，她曾買了一本日本鹽百選的書，從那時起便瘋狂收集書上介紹的鹽，「我曾在日本石川縣看到以半日曬、半燒煮方式製鹽的濱鹽，總之，整個被鹽所迷住，以致於到現在，打開我們家的抽屜，都還有這輩子吃不完的鹽。」

試鹽也曾是她的興趣，除了直接就口外，鹽最終還是要佐餐食用，因此她更喜歡把鹽撒在蛋黃微微凝結的水煮蛋上，她覺得那是最容易把鹽的風味烘托出來的方式。從風味來看，她認為「葛宏得的鹽之花帶來清新、明亮的感覺；而台灣洲南鹽場的鹽之花，比前者風味要來得更濃厚強壯。」

在葡萄酒世界裡有所謂「新世界產區」，就是原本不具傳統，現代才重新詮釋與發展的葡萄酒，像澳洲、南非便自稱為新世界葡萄酒國家。她認為台灣就很有新世界國家的特色。台灣短短十幾年間，在咖啡、巧克力、麵包等領域，於世界級比賽上囊括多項大獎。「新世界國家的一個重要特色，就是以傳統理論為基礎，但不受傳統章法捆綁，是一個立足於從飲食顯學年代到在地顯學年代、再到風土學風起雲湧時代的過程。」

葉怡蘭認為依照台灣擁有的風土條件，是很可以成為一個徹底的日晒鹽之國，也希望台灣能盡情做出各種不同的嘗試，開發出更多具規模的鹽品牌。

（文・陳靜宜）

葉怡蘭所收藏的廣島「海人藻鹽」，特色是鹹度低，且擁有海藻的鮮味與甘美，並曾榮獲〈日本鹽100選〉之一。

日本四國高知縣黑潮町所生產的「土佐鹽丸」，也是葉怡蘭家的收藏品之一。

曾讓葉怡蘭驚豔不已的法國葛宏得鹽之花。

身為一個做菜的人，葉怡蘭認為能在爐火邊感受下鹽那刻是很過癮的，猶如魔法般，使整鍋湯的香氣都改變了。

麵食師傅

用重鹹與無鹽麵包打開飲食對話框

王嘉平

王嘉平 | *Solo Pasta*義大利餐廳負責人兼主廚

王嘉平是台灣目前唯一受義大利官方認證「Ospitalità Italiana」的台籍主廚，也被媒體譽為「全台最懂義大利菜的男人」。為求精進義大利菜與體驗當地文化，他曾在義大利二十個省中的十六家餐廳短期實習，帶回飽含在地風味的義式美食。

在義大利飲食中，麵條、比薩、麵包占有重要地位。王嘉平至今仍常在店內手作各種麵食，透過他以義大利無鹽麵包與重鹹麵體為例，讓我們看見麵包跟鹽的微妙關聯性。

麵包與鹽的微妙關係

製作麵食的關鍵要素是：鹽、水、麵粉、酵母，似乎成了金科玉律。然而有趣的是他卻要跟大家分享一款不用鹽的麵包，那就是義大利托斯卡尼的傳統麵包「帕內．修科（Pane Sciocco）」。他補充，不放鹽跟歷史背景有關，古代很多地方缺鹽，義大利也不例外，不僅鹽價昂貴，人民還要支付鹽稅，於是托斯卡尼人便在這種情況下，研發出不用鹽的帕內．修科，並且延伸出了知名開胃菜「炭燒麵包（Bruschetta）」，而托斯卡尼的「費統達（Fettunta）」料理，便是Bruschetta這個大項裡最簡約的版本。

「炭燒麵包」首要是用「老麵包」，因為本身已經均勻地失去大部分水分，於是在炭燒時，強化表皮的炭燒風格，內部自然就會酥脆。成就炭燒麵包的配料就只有鹽、蒜、橄欖油，標準做法是把麵包放在碳火上，烤到水分偏乾，然後利用麵包表層磨砂的質地，將生大蒜摩擦刷動，使其如泥般附著於表層，趁熱淋上托斯卡尼早摘鮮橄欖油，最後撒上鹽粒。

看似簡單卻也一點都不簡單。他補充：「人們常用橄欖油炒菜，從健康角度來

我的鹽主張

從無鹽麵包的應用，更讓我們察覺鹽與麵包存在著有趣的互動關係。

剛烤過的麵包，微溫的麵包體留住橄欖油的香氣，人們吃的時候可以感受到橄欖油鮮活的辣味與青草味。

「費統達（Fettunta）」作法，利用麵包表層的磨砂感，將生大蒜摩擦刷動，使其如泥般附著於表層。

義大利最極簡的一道菜便是「費統達（Fettunta）」，配料只有鹽、蒜跟橄欖油，每樣條件都是對的話，就會非常好吃。

看沒什麼問題，可是油溫偏高，香氣揮發掉了，很可惜。而這麵包恰好在四十度、六十度，微溫的麵包體留住橄欖油的香氣，人們吃的時候可以感受到橄欖油鮮活的辣味與青草味，咬得到鹽的顆粒卡滋卡滋地，味道很棒。」他說雖然極簡，但每樣元素都是對的，「麵包的溫度，把橄欖油的香氣帶出來；鹽的鹹味，把麵粉的甜味帶出來。正因為麵包體沒有鹽，才讓我們發覺鹽有多重要！」

在Solo Pasta餐廳所提供的也都是無鹽麵包，他說義大利有一種用餐方式是「擦盤子（Scarpetta）」——用麵包把盤子裡剩餘的醬汁抹乾淨吃，因為醬汁本身就有鹹味，麵包要無鹽，才不會鹹上加鹹。他說，這點對應到台灣就是傳統的「白飯攪鹹（kiáu-kiâm）」，白飯淋一點豬油、一點點醬油，飯自然就變甜了，雖然是不同的兩個國家，但邏輯上兩者是相通的。

換個角度看，托斯卡尼的「風乾臘腸（Salami）」比起其他地方來得鹹，真的是鹹到難以下嚥，並非不夠美味，而是它就是用來搭配無鹽麵包吃的，「這就跟去彰化吃爌肉飯，只吃爌肉不配飯，當然會鹹得無法入口，因為它是設定要跟著澱粉一起吃的。」王嘉平說。

麵糰、水與鹽的比例玄機

以麵包來說，麵糰、水與鹽的比例放諸世界大同小異——麵粉一百公克、鹽約是二到二點二公克，這被稱為「烘焙者配方」。然而義大利有一款麵食，依照法規規定，鹽要放到三點三公克，可說是義大利最鹹麵糰，那就是拿坡里比薩了。而之所以要那麼鹹，是因為它想讓人們知道「我不甘於只被視為一個麵包，請不要避開我，我是扎扎實實存在的」！

AVPN及APN（拿坡里最大的兩個披薩認證單位）規定，拿坡里比薩的麵糰與鹽的比例，須控制在麵糰每百公克含鹽量2.2～3.3公克間，用來聲張麵體的存在感。

在拿坡里比薩的世界裡，發酵了八小時的麵糰，就在入爐烤的九十秒內定生死，比薩的白邊是決勝負的關鍵，很可能因為火溫高、時間短而使邊沒烤熟，或因為距離火源太近而使邊烤焦等的窘況。他形容拿坡里比薩烤得很棒的狀態，是當滾輪刀劃開時發出輕微的「恰」一聲，是一種堅毅的蓬鬆感，那一刻非常美妙，「這時可以用手捏不帶配料的白邊來吃，咀嚼時要感受到鹹味，那便是有出息的鹹」。

讓我們回到鹽的克數玄機，從數字來看，二點二公克到三點三公克，不過是只多了一公克而已，然而依照比例來看，則是多了百分之五十，差距就很大。而這衍伸出另一個問題，就是拿坡里比薩要用三點三公克的鹽來刷存在感，然而隨著時代進步，現代多數師傅對下鹽量還是有所斟酌，會把鹽控制在二點四到二點六公克之間，這是一個很微妙的決定，王嘉平也認為：「二點六公克的鹹度是優雅的表現，三點三公克就凶狠粗暴了點。」

這似乎對應到人類社會，想要讓眾人重視自己的存在，不再靠張牙舞爪的方式，而是好好融入群體，讓大家一起發光。在義大利人麵食裡，麵糰與鹽因為比例而產生的對話，正好投射出人們內心複雜的情結，實在是一件非常有趣的事。

（文．陳靜宜）

「費統達（Fettunta）」撒上鹽後，咬得到鹽粒與酥脆麵包卡滋卡滋的口感。

Solo Pasta義大利餐廳負責人兼主廚王嘉平，被媒體譽為「全台最懂義大利菜的男人」。

燒烤手

傳授鹽與燒鳥的一堂課

湯仲鴻

湯仲鴻｜鳥苑地雞燒負責人兼主廚

鳥苑地雞燒連續多年被列為米其林指南入選餐廳。

台中鳥苑地雞燒連續多年被列入米其林指南入選餐廳，其負責人兼主廚湯仲鴻（Tommy）曾經營以燒烤為主的居酒屋，而後將重心聚焦於燒鳥上，經營燒鳥店至今已邁入第十年。

燒鳥（Yakitori）是一款以鹽、炭火與雞肉直球對決的料理，每家燒鳥必以鹽調味，看似簡單的鹽，卻是各家燒鳥店的祕密武器。他首度公開自家不為人知的鹽配方，並從台日兩地燒鳥飲食習慣的差異，分享修改鹽量的心路歷程——原來達到美味口碑的關鍵，竟只差在百分之零點一。

我的鹽主張

鹽，是各家燒鳥店的祕密武器。下鹽量的多寡，與季節、雞的部位、串數有關。

每日炒鹽，追求燒鳥鹽風味

湯仲鴻提到，每家燒鳥店會使用不同的鹽，有的用海鹽、有的用岩鹽，即使同樣是海鹽，產地也各不相同，甚至有的店家用混鹽。開業之初，他就選了二十多款不同種類、產地的鹽，一款一款試，「我發現岩鹽帶有一點酸度、鹹度也比較俐落，只是單用的話會蓋過食物原味，而海鹽比較溫潤，於是將兩者合而為一，達到我對燒鳥鹽風味的追求。」

他還有一個祕密武器，就是把炒好的鹽加入昆布高湯。好不容易炒乾了，為何

吃進口中的串數越多，鹽量要越少，燒烤師傅要用「頭重腳輕」的方式提供。

雞肉的油脂越多，要下的鹽量也越多。

右為海鹽、中為岩鹽、左為店內用的混鹽。混鹽是以海鹽混岩鹽，並用均值機打成粉末狀。

還要弄濕？他回答：「是為了讓昆布湯的鮮味（Umami）溶入鹽裡，雖然濕了，等炒乾又會變回鹽。」

就此完成了嗎？不，想達到美味還有最後一哩路，就是加微量白糖使融合度更好，湯仲鴻說：「我不是科班出身，基本上沒有什麼框架，只要能讓東西變好吃，我都願意嘗試。我發現西餐的醃肉醬，同時加鹽跟糖會使食物的風味更好，掌握這點要訣，我也如法炮製，只是糖量要少到讓人感覺不到存在才行。」

多年來，炒鹽的工作仍由他親力親為，雖然配方已經固定，然而鹽是大自然產物，因此炒出來鹽的鹹度每批都不同，他會請團隊的人每批都要試鹹度，以做為燒烤時下鹽多寡的基準。燒鳥店的鹽有大炒與小炒，大炒是使其均勻混拌，小炒是使其乾燥。他說每日開門營業前，燒鳥店師傅都有一個必要的功課，就是炒鹽。鹽容易受潮，因此必須每天炒除濕氣，要注意的是，是炒乾不是炒熱，因此要用非常小的火且使其拌炒均勻。

下鹽量跟季節、部位、串數有關

鹽有了，下一步是「該下多少鹽」？湯仲鴻說下鹽量跟季節、雞的部位、串數都有關。

為求精準度，他將燒鳥的用鹽量數據化——每百公克的食材下一點二到一點三公克的鹽，以此換算成百分比。以季節來說，「夏天易流汗，鹽要下多一點補充鹽分，大概是一點三到一點四百分比左右。」以雞的部位來說，「像里肌肉油脂少，就下百分之一點二；上腿肉、雞皮、雞屁股油脂多，油脂會阻隔鹹度，下百分之一點四左右。」

另外，依照串數多寡，下鹽會採「頭重腳輕」方式處理。他觀察發現，台日兩地的人對上燒鳥店的目的性不同，日本人對於燒鳥店，通常是下班後先跟同事或朋友喝一杯的地方，結束後有的人返家、有的人到居酒屋續攤，最後再以拉麵店做為一夜的句點。日本人吃燒鳥串數少又會搭酒，酒會沖淡口腔中的鹹度，鹽會下得比較重，大概百分之一點五到一點八。

而台灣人把吃燒鳥當正餐，甚至點套餐而非單點，吃前五、六串時會覺得美味，而到第八串、十串時，加上不搭（酒精或非酒精）飲品，即使師傅下鹽量不變，然而鹹味在口腔裡一直疊加，就會覺得口渴、很鹹。他說日本燒鳥師傅曾告訴他：「鹽下不夠，鮮味會拉不上來。」因此他過去鹽下得很狠，然而兩地飲食習慣不同，還是要因應市場反饋調整鹹度，不然吃到最後會味覺麻痺，「於是我改成前頭五串下百分之一點二，後頭幾串下百分之一點一，採頭重腳輕方式，結果覺得太鹹的客訴就幾乎解決了。」

再下一步，很重要的就是「該怎麼下鹽」？有些師傅徒手下鹽，要依照指縫間的寬窄以及散鹽的手勢，決定鹽量在食材上的疏密分布狀況。有些師傅為避免鹽粒被手濕干擾，以鹽罐撒鹽——這也不容易，要靠手腕振動的速度與頻率，決定鹽量多寡與疏密分布狀況，看似在吃燒鳥，實則是一場與鹽的深刻對話啊。

總歸來說，每個人對鹹的敏感度不同，想讓每個人都吃到鹹得剛剛好的燒鳥串，可說是師傅們永遠的追求了。

（文・陳靜宜）

想讓每個人都吃到鹹得剛剛好的燒鳥串，可說是燒烤師傅們永遠的追求。

以鹽罐撒鹽，要靠手腕振動的頻率與幅度，決定鹽量多寡與疏密分布狀況。

台灣人與日本人到燒鳥店的目的性不同，也因此會影響到下鹽量，台灣會較日本少一些。

燒鳥是一場人與鹽的深刻對話。

鹽的策展人

催生料理與鹽搭配的侍鹽師

孫尚志

孫尚志 | *晶華酒店Robin's牛排館暨上庭酒廊協理*

Robin's餐廳自助餐檯上有標籤標註鹽的品名、產地地圖、內容解說與QR Code，圖為用竹筒與竹杓盛裝的彰化鹿港竹鹽。

Robin's是台北一家知名老字號高級牛排館與鐵板燒餐廳，過去餐廳內只提供兩款鹽佐餐：法國鹽之花與玫瑰鹽，這也是坊間高級牛排館常見的配置。然而Robin's暨上庭酒廊協理孫尚志因緣際會中，認識了台灣有多款手工鹽後，觀念自此扭轉：「我過去視鹽為調味品，現在視它為佐餐聖品，我發現它與葡萄酒相同，都對增添人們用餐的豐富度與精彩度有幫助。」他尋思，台灣雖然有很多特色鹽，但如果直接推銷客人多吃鹽的話，不只成效不好，可能還會有反效果。於是與團隊開始研究，如何把對鹽的新概念透過轉譯的方式，傳遞給用餐的賓客。

培訓獨步全台的侍鹽師

孫尚志的做法有四：一是設置台灣前所未有的新身分「侍鹽師」。二把鹽使用在自助餐檯上的沙拉、甜點等，較易被識別的品項上。三設置餐檯字卡、裝飾，建立消費者與產地的連結度。四推出鹽的主題套餐，重頭戲是提供放置七款鹽的鹽盤，增添佐餐樂趣。

孫尚志本身是侍酒師，便以侍酒師對風味的敏銳度出發，為不同鹽款匹配適合的食材，另外，還研究供應的分量、盛裝的容器、鹽的溫濕度狀態等，力求以最好的狀態供餐。就像試酒一樣，先單吃鹽、漱口，再試下一款鹽，他發現雲林萬豐醬

我的鹽主張

過去視鹽為調味品，現在視它為佐餐聖品，可增添人們用餐的豐富度與精彩度。

晶華酒店Robin's餐廳推出「佐餐鹽盤（Salt Bar）」，共有台灣七款產地鹽，在餐廳裡擔任起主角之一。

蔭鹽花單吃有一點陳年味，與油脂結合後卻帶有飽滿的醍醐味。胡桃、腰果碎粒拌炒蔭鹽花，再加入法國頂級伊思尼奶油，風味甘美。

晶選鹽套餐的主菜「美國頂級肋眼牛排．烤野蔬」，選用嘉義布袋鹽花，以及尾韻有著多層次礦物質風味的彰化鹿港竹鹽。

油的蔭鹽花，有發酵的醬香與蕈菇香，很適合乳製品，於是請主廚將其做成蔭鹽花奶油，佐麵包吃。另外，像屏東後灣的海硓鹽氣味重、帶焦香、滋味鹹沉，很適合搭白肉魚，滋味偏淡的魚肉，一碰上海硓鹽，鮮味就被提出來了。他又舉例：「有客人抱怨和牛的油脂太多，多到吃不到牛味，我們就建議搭配洲南鹽場的鹽花，它本身蓬鬆酥脆，咀嚼起來比較有口感，而鹹味可以提升和牛的甜，也讓肉味變得鮮明。」

他並培訓獨步全台的侍鹽師，侍鹽師就跟侍酒師一樣，只是把從適合搭配的酒款變成鹽款。他說明成為一名侍鹽師「在於自身對鹽要有一定的鑑賞能力，並能從鹽的外觀、風味到尾韻表現，具備完整的論述邏輯」。目前經過半年訓練，餐廳裡有兩位合格的侍鹽師，其中一位還曾為總統介紹台灣手工鹽的特色。

他也示範了侍鹽師如何在桌邊為賓客服務，介紹佐餐鹽：「我現在在盤邊放上的是台東卑南羅氏鹽膚木，果實表皮與樹幹外皮上會分泌鹽分，是百年前的原住民就地取材、獲取鹽分的方式，它可幫盤裡的干貝提鮮。此外，我還推薦澎湖海菜鹽，是利用微波振盪技術把海菜跟海鹽結合，因此鹽還多了一股海草味，適合搭配海鮮、生菜。」讓賓客更進一步了解，鹽與餐飲的搭配。

透過陳列，加深連結鹽產地

在餐廳的自助餐檯上，鹽也多方嶄露頭角。例如把鹽應用在堅果上，「主廚幼年住在嘉義，他以母親的鹽炒花生為靈感，創作出彰化三烤竹鹽的掛霜鹹味腰果。三烤竹鹽帶有硫磺氣味，讓腰果有別以往風味；還有馬告鹽炒芝麻杏仁，許多吃過的老客人都讚不絕口。」他與團隊想同時傳遞兩個重點：文化連結與感官連結，以自然且不干擾的方式，在餐檯上傳達給賓客。

鹽的顏色也成為餐廳陳列時的視覺焦點，孫尚志發現綠島珊瑚海鹽的外觀白亮，像水晶般發亮，在自助餐檯上格外醒目，很適合展示，於是就以當地一只貝殼當容器、珠貝匙當匙；另一款浦田竹鹽是放在竹筒裡製作的，就拿竹筒與竹杓盛裝竹鹽。然而透過鹽的陳列辨識度，賓客與產地無形就產生了連結感。另外，由於餐廳的人來人往，為了傳遞更多資訊，他與團隊也製作立牌，標示全台灣鹽產地的相關資訊，有興趣的賓客得以透過掃描QR Code，就可為人們提供鹽的延伸閱讀。

最有特色的莫過於「晶選鹽套餐」，這款套餐端出盛裝七款鹽的鹽盤（Salt Bar），透過侍鹽師，介紹各式鹽品特色及建議佐餐方式，鹽成了牛排以外的另一個主角。孫尚志說：「有越來越多客人，請求把鹽盤留在餐桌上，想一款一款慢慢嘗試。」他發現，當餐廳裡開始出現多款台灣手工鹽後，賓客的飲食習慣也有了新的轉變。過去賓客對鹽並無特別要求，甚至因為健康考量，不想沾鹽。然而推出台灣鹽後，近半年來的進貨量成長一倍，孫尚志相信是消費者對鹽或對探索台灣的慾望，透過對鹽的轉譯被誘發與提升了。

（文．陳靜宜）

前菜「北海道干貝．柑橘」搭配台東卑南羅氏鹽膚木與澎湖海菜鹽，讓歐式生菜的香料氣味跟海草鹽裡海草的氣味得以連結呼應，是很好的搭配。

Robin's餐廳在2023年推出「晶選鹽套餐」，讓鹽從調味品翻身成為主角。

附錄

回溯海島台灣的白金歲月

島嶼台灣，四面環海。先住民從海岸取鹽，是很自然的事情。

大航海時期的台灣登上世界舞台以來，隨著漢人來台拓墾、捕抓烏魚、貿易，從荷蘭與明鄭時期便開始闢墾鹽埕。

清代北從新竹、南到高雄，條件適當的西海岸都有人晒鹽；特別是嘉義、台南、高雄沿海一帶的潟湖內海，各鹽場也常因颱風暴雨、泥沙淤積，而不斷在海岸搬家移墾。

日治五十年，台灣鹽田從二百多甲一路擴張到近七千多甲，西南沿海許多海埔地與魚塭陸續變成鹽田，本島產鹽除了滿足民生與戰事工業所需，還可輸出到日本、韓國。

戰後，台灣鹽業成了國營事業，一九七五年苗栗通霄精鹽廠開始量產，精鹽取代餐桌上的天日晒鹽；台鹽雖一度曾實施機械化收鹽，但最終不敵人力成本太高與進口鹽低廉的「內外夾殺」，各地鹽田陸續廢晒，逐步變成工業區、住宅區或其他用途使用。

二〇〇二年台灣晒鹽史畫上句點，大片鹽田土地成了候鳥渡冬的溼地；但也出現布袋洲南鹽場、北門井仔腳鹽田等處，開啟另一頁文化、觀光與體驗的鹽業故事。

這過程有著國家政策、社會發展、經濟現實三股力量交叉運作，在不同時期以不同力量牽引鹽業興衰，讓台灣寫下三百多年的「白金歲月」史！

原住民族，就地取鹽很自然

台灣是南島語族分布及活動最北邊的地方，島上原住民族在此生活約有六千年，以前他們是如何取得鹽呢？整理相關文獻及口述歷史的線索來看，應該有以下來源：就地取材（山鹽泉、海鹽）及貿易。

台東成功鎮的阿美族旮祭來部落（kaheciday，族語是很鹹的意思），附近有一處岩層湧出的水帶著鹹味，但幾公尺外的山溝則是淡水，以前老人家會取用鹽泉的水來洗澡，可以治療皮膚病止癢。花蓮富里鄉羅山村境內有一處泥火山景觀，十幾處噴發口中有三、四處會整年噴出泥漿，泥漿除了含有瓦斯也帶有鹹味，當地人稱之為「鹽坪」。

花蓮縣光復鄉西南方的阿美族砂荖（Sado）部落，後山有處神祕鹽泉（族語ta'ana'm），泉水因礦質而略帶紅色，嚐起來有鹹味；早期族人會從黏土及石縫中取滲出的泉水帶下山，或在附近搭工寮現地煮鹽。

從海水取得鹽分

海邊原住民取鹽大致有三種方式，包括煮海為鹽、取海水及礁岩鹽。在漢人的文獻中，平埔族已能煮海為鹽，但味道較為苦澀；蘭嶼達悟族及花東海岸阿美族，耆老口述祖先會直接取用海水煮鹽；而在恆春半島及花東許多礁岩岸，夏季颱風大浪將海水打到較高處，海水留在岩穴中受風吹日晒，一段時間之後會結晶成鹽，可直接取用，或者取礁岩壺穴中蒸發後較鹹的海水來煮鹽。

台東長濱海邊搭起工寮，阿美族人便在大自然裡煮海為鹽。

帶有鹹味的羅氏鹽膚木，常見於中、低海拔山區林下或河岸邊，果實在每年十二月到隔年一月成熟，果核外有一層薄薄的鹽，嚐起來略帶酸鹹味，是許多原住民族鹽的代用品，也是小孩子的零嘴；由於樹幹皮上也會分泌鹽分，吸引野生動物舔食，「鹽膚木」名稱即由此而來。

原住民族除了設法從環境中取得鹽巴，將獵物與漢人買賣交易鹽，也是取得鹽的方法之一。

大航海時代，追捕烏魚與鹽漬鹿脯

在十五世紀中葉到十七世紀的「大航海時代」，歐洲航艦來到東方亞洲貿易、爭搶香料、殖民。元朝大遊歷家汪大淵的《島夷志》與明朝隨軍作家陳第的《東番記》，這兩本書中提到當時台灣住民用鹽，除了依土法熬煮海水成鹽以外，就是以土產交換福建沿海居民運來的鹽。

一六二四年二月十六日荷蘭人《巴達維亞城日誌》記載：「土民不事耕作……故米鹽均仰給於華人……如不聽指揮，不給食物並斷其鹽以苦之，故均能使其服從。」這段文字很殘酷的描述了漢人以稻米與鹽，來壓迫、控制原住民。

學者曹永和在〈明代台灣漁業志略補說〉一文指出，荷蘭時期很多福建漁船來到大員（台灣）捕魚，船上的鹽是捕魚後供醃製使用；特別是每年冬至前後，抱卵的烏（鯔）魚剛好洄游到台灣，漁船需要大量的鹽來醃製捕獲的烏魚及烏魚子。有趣的是，許多漁船載運的米鹽似乎超量，以當時的社會情境來看，捕魚兼賣鹽做點小生意賺錢，應該也不為過。

從全球貿易到台地製鹽

學者翁佳音發現，一六四八年五月十九、二十日的《熱蘭遮城日誌》：當時有三艘戎克船從中國沿海來大員入港，所載貨物之中，除了五十擔鹽，還有「二十擔碎石（或方磚）要來做鹽埕」。他認為這批碎石是要來鋪設鹽埕的結晶池，這其實有跡可循，因為同年荷蘭聯合東印度公司特准印尼巴達維亞城的漢人生產鹽及專賣，因此極有可能在台灣也特許漢人製鹽。目前文獻雖無當時鹽埕製鹽的直接證據，但因來台拓墾的人口

漢人追逐烏魚來到大員，如今烏魚養殖的烏魚子帶來很高產值。

漸增，及因醃魚、醃鹿肉或製鹿皮對於鹽的需求極大，一六三八年荷蘭人輸往日本鹿皮十五萬多張，往後雖因濫捕而下降，但仍有一萬擔的鹿脯出口至大陸，因此在大員就地製鹽以滿足需求，是很合理的事。

此外，翁佳音還從一六六一年五月三十一日《熱蘭遮城日誌》中發現：「聽說有四、五百名漢人因荷蘭人之故被鄭軍殺害，埋屍在七或六鯤鯓的林投園與『鹽埕（soutpannen）』……」；他認為，這裡的「鹽埕」，應該就是後來的瀨口鹽場。

明鄭奠基，陳永華是晒鹽祖師爺？

清代江日昇的《台灣外記》一書中，指輔佐鄭經的參軍陳永華，致力於台灣的經濟與殖產政策：「以煎鹽苦澀難堪，就瀨口地方，修築坵埕，潑海水為鹵，暴晒作鹽，上可裕課，下資民食。」這段文字精簡且精準提到：台灣晒鹽的起因（煎鹽苦澀難堪）、地點（瀨口）、鹽埕結構（坵埕）、晒鹽技術（潑海水為鹵，暴晒作鹽）、官方政策（裕課）與使用者（民食）。清廷於一六六四年繪製的「台灣軍備圖」中，已在「瀨口」地名左邊註記「鹽埕出鹽」，這是目前所知最早的明鄭時期台灣略圖，而此圖也凸顯鹽在軍事行動中擁有極高的價值。清代以來官方文獻多引用《台灣外記》，認為「瀨口是台灣第一處鹽田」，或將成書的一六六五年（永曆十九年）稱為「台灣天日晒鹽元年」，也有人稱陳永華是台灣晒鹽產業的「祖師爺」。這種說法有點太過牽強，但仍可保守地認為：陳永華鼓勵闢設鹽埕，讓台灣開始有計畫、有規模地進行鹽業產晒，同時也納入官方課稅制度等管理措施。可以說，此後產量較多、品質較好的「晒鹽法」，慢慢取代先住民的「煮鹽法」，奠定下日後台灣鹽業的根基。

台南開基永華宮三樓的紀念館，奉祀著參軍陳永華神像。

瀨口、洲仔尾與打狗都有鹽埕

清領後第一任巡台御史黃叔璥，在《台海使槎錄》一書提到：「洲仔尾、瀨口港，鹽格星屯，扼其險可以制患，資其利可以裕民。」另外，明末遺老沈光文在〈台灣賦〉中記載：「打鼓澳能生三倍之財，曝海水以為鹽。」綜合上述兩段文字，明末清初台島的鹽埕有三處，約在今台南市瀨口（南區鹽埕天后宮附近）、洲仔尾（永康區鹽行）及高雄市打狗（鹽埕區）。

黃叔璥提到：「台地止於海岸晒鹽。南社冬日海岸水浸，浮沙凝而為鹽；掃取食之，不須煎晒。所產不多，漬物易壞。崇爻山有咸水泉，番編竹為鑊，內外塗以泥，取其水煎之成鹽。」他不但詳述當時在海邊晒鹽的季節（冬日），淋鹵法技術（浮沙凝鹽）可以直接晒出鹽（不須煎晒），可惜品質不佳（漬物易壞）；還特別提到內陸的「崇爻山」因有鹹水泉，當地原住民會取「山鹽泉」直接煎煮為鹽。

清代拓墾，逐海岸闢建鹽埕

想理解清代台灣鹽業的發展，必須從漢人來台「拓墾社會」的角度掌握三個關鍵：為何鹽場會在台江內海與倒風內海一再遷移（地理與氣候條件）？官方如何管理鹽場及課稅（政治與權力）？鹽田闢建的資金與技術如何取得（墾地開發與移民）？

明末清初台灣有瀨口、洲仔尾及打狗三處晒鹽；率領清軍攻打台灣的施琅在〈請留台灣疏〉中提到，台灣是「耕桑並耦，漁鹽滋生」；顯然征戰沙場的施琅將軍，有關注到鹽在軍事中的重要性。

颱風暴雨淤沙，鹽場要搬家

台地入清版圖後，鹽皆由民晒民賣，再徵收鹽埕餉。一七二六年頒布鹽制收歸官營，由台灣府管理，正式設有洲南場、洲北場、瀨北（原稱瀨口）場及瀨南場等四處；乾隆年間又陸續增設瀨東場及瀨西場。

台灣西南沿海晒鹽有兩大優勢：首先是氣候條件冬、春兩季少雨；其次地理條件上分布倒風內海、台江內海等潟湖，有平整開闊的沙泥海岸；但相對缺點是，一旦颱風來襲，風浪及河川淤沙會毀了海岸邊的鹽埕。鹽場若受損輕一點，還可以修復續晒；如果太嚴重，就必須另覓他處，重新闢建鹽田。

新的鹽場不管遷徙到哪裡，在官方鹽課管理需求下，都沿用舊的鹽場名稱。例如：第一代「洲南場」設立在今台南永康鹽行（洲仔尾）；第二代於一七八八年遷移到今七股區的鹽埕地；第三代於一八二四年再遷到今嘉義布袋。至於「瀨東場」第一代在高雄小港區大林蒲闢建；第二代於一八〇〇年遠遷到今台南佳里的外渡頭；第三代則是一八一八年再遷到今台南北門井仔腳，當時仍沿用舊名。

古代「孟母三遷」是為了選擇更良好的學習環境，而清代鹽場一再三遷，則是為尋找更適合晒鹽條件的海岸。

井仔腳鹽田是第三代瀨東場，大廟泰安宮廟門匾額上，「瀨東」兩字是清代鹽場遷移的線索。

台南市南區鹽埕天后宮前的「重修瀨北場碑記」，受當地民眾祭祀。

來去鹽行請媽祖

晒鹽需要一定的技術，因此在開闢新鹽場時，原來的鹽工也會一起遷移，人與技術就跟著在新鹽場落腳，並形成新的鹽村聚落，移民與原鄉也會有情感與信仰上的連結。約於清咸豐年間開始，每年農曆六月北門舊埕（第三代洲北場）民眾會定期返回祖籍地洲仔尾，迎請鹽行天后宮「二媽」前來鑑賞七月普渡；而附近瀨東場井仔腳民眾，也會接力迎請洲仔尾媽祖前往鑑普，「來去鹽行請媽祖」就成為洲北場與瀨東場鹽民的歲時特殊祭祀活動，象徵台灣鹽村遷徙與鹽民虔誠心意的民俗。期間雖曾因故一度「斷香」，但近年已恢復舊例。

洲南鹽場曾迎請鹽行二媽參加謝鹽祭。

鹽行媽祖曾出巡全台多處鹽村廟宇，停駕北門永隆宮。

二〇一六年鹽行天后宮媽祖，也曾「出巡」前往嘉義布袋洲南鹽場和台南北門舊埕永隆宮、井仔腳泰安宮、興安宮、安順南寮永鎮宮，以及高雄永安鹽田里南瑞宮，與當地廟宇交流會香，見證台灣鹽業三百多年來的鹽村信仰與情感聯誼。

從淋鹵法到晒鹵法

晒鹽技術的突破與改善，是晒鹽人從勞動中不斷累積的經驗與智慧，也是對提升產能與效率的期待。

台灣最早是在明鄭時期引進大陸泉州式的「淋鹵法」晒鹽技術，清嘉慶年間，瀨北場鹽民因晒沙、耙沙、挑沙、濾鹵、潑鹵等太費工，就把晒沙的「沙埕」改為「水埕」，直接引進海水曝晒蒸發，這是「晒鹵法」的原型。「淋鹵法」與「晒鹵法」雖在蒸發階段取得鹵水的方法不同，但鹽結晶階段均採埕格日晒。

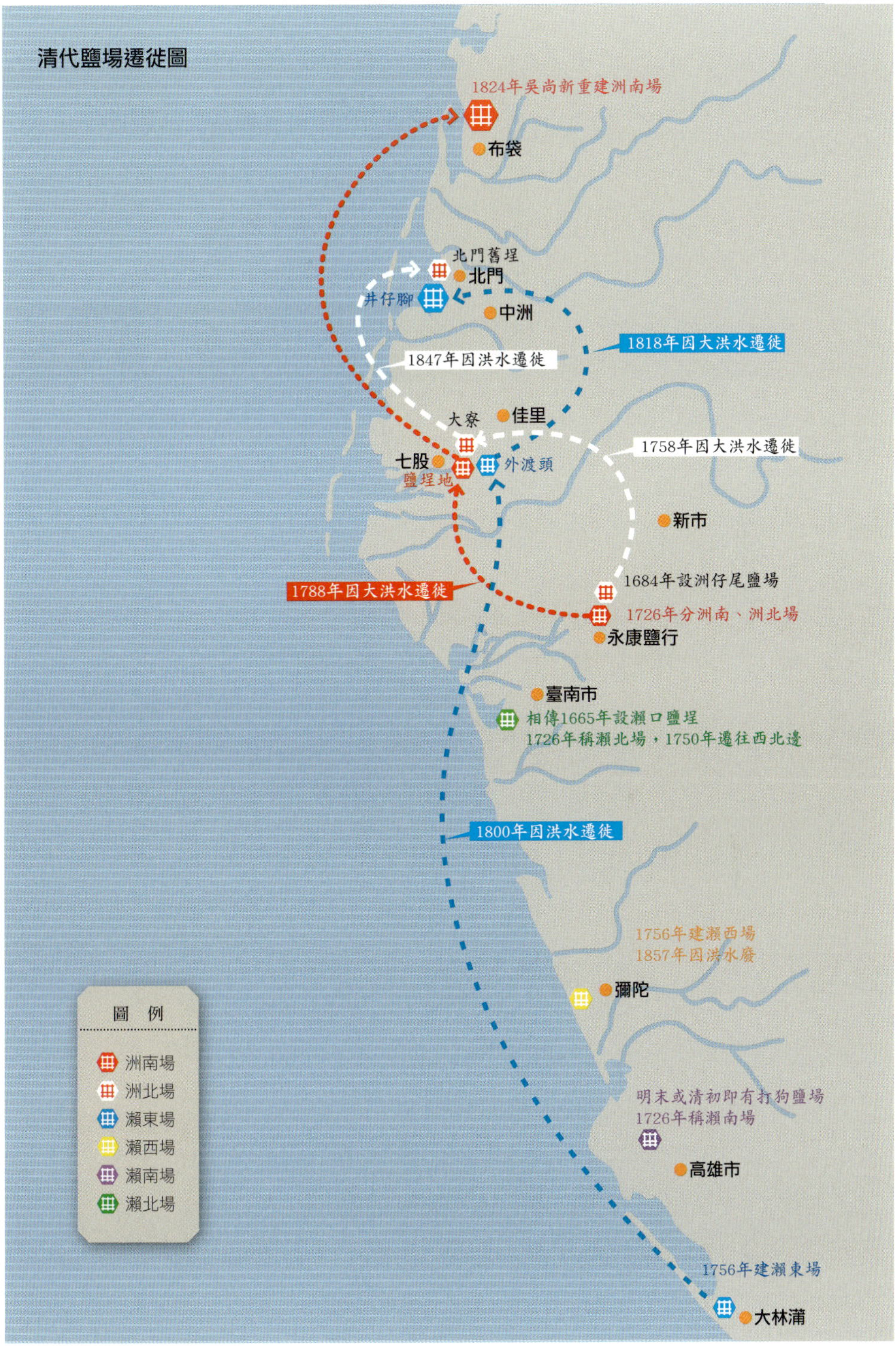
清代鹽場遷徙圖
1824年吳尚新重建洲南場
布袋
北門舊埕
北門
井仔腳
中洲
1818年因大洪水遷徙
1847年因洪水遷徙
大寮
佳里
1758年因大洪水遷徙
七股
外渡頭
鹽埕地
新市
1684年設洲仔尾鹽場
1788年因大洪水遷徙
1726年分洲南、洲北場
永康鹽行
臺南市
相傳1665年設瀨口鹽埕
1726年稱瀨北場，1750年遷往西北邊
1800年因洪水遷徙
1756年建瀨西場
1857年因洪水廢
彌陀
圖例
洲南場
洲北場
瀨東場
瀨西場
瀨南場
瀨北場
明末或清初即有打狗鹽場
1726年稱瀨南場
高雄市
1756年建瀨東場
大林蒲

（插圖：布袋嘴文化協會提供）

北門「舊埕」是第三代洲北場；廢晒後曾重建並新設輕便車鐵道，可惜未能持續營運。

　　一八二三年一場大水，讓台江內海整個淤積浮覆，官府「半要求、半命令」台南府城鹽商吳尚新出資，隔年在布袋重建第三代洲南場。吳尚新與當地魚塭戶合議，在產晒技術上改良築造新式的鹽埕，除了磚瓦埕（結晶池）及土坪（小蒸發池），還新設水坵（大蒸發池）及鹵缸（母液溜），「晒鹵法」鹽田結構從此完備，成為台灣晒鹽技術主流。

　　清代台灣中北部也曾出現淋鹵法晒鹽，包括雲林台西五條港、彰化大城下海墘厝、苗栗竹南的塭仔頭，以及新竹的油車港、香山楊寮等地；一八九八年出版的《台灣鹽業調查復命書》，對新竹油車港的淋鹵法鹽田，也有很清楚的產晒細節與製程描述。但因較費人力、產能不佳，再加上交通改善可以南鹽北運，到了一九二八年新竹油車港廢晒，台灣的淋鹵法鹽田終告結束。

「台南縣鹽田之圖」是目前文獻中年代最早的台灣鹽田照片，圖中可發現清代瓦盤鹽田的結構很不規則。（圖片來源：《台灣鹽業調查復命書》）

淋鹵法產晒流程：

1.挑海水浸沙埕→**2.**曝沙、耙鹽沙→**3.**挑鹽沙入漏窟（沼井）→**4.**踏鹽沙→**5.**漏窟（大圈／小圈）濾鹵→（重複1～5，持續集鹵）**6.**埕格晒鹽收鹽→**7.**挑鹽入倉→**8.**鹽倉→**9.**船運鹽→**10.**課館

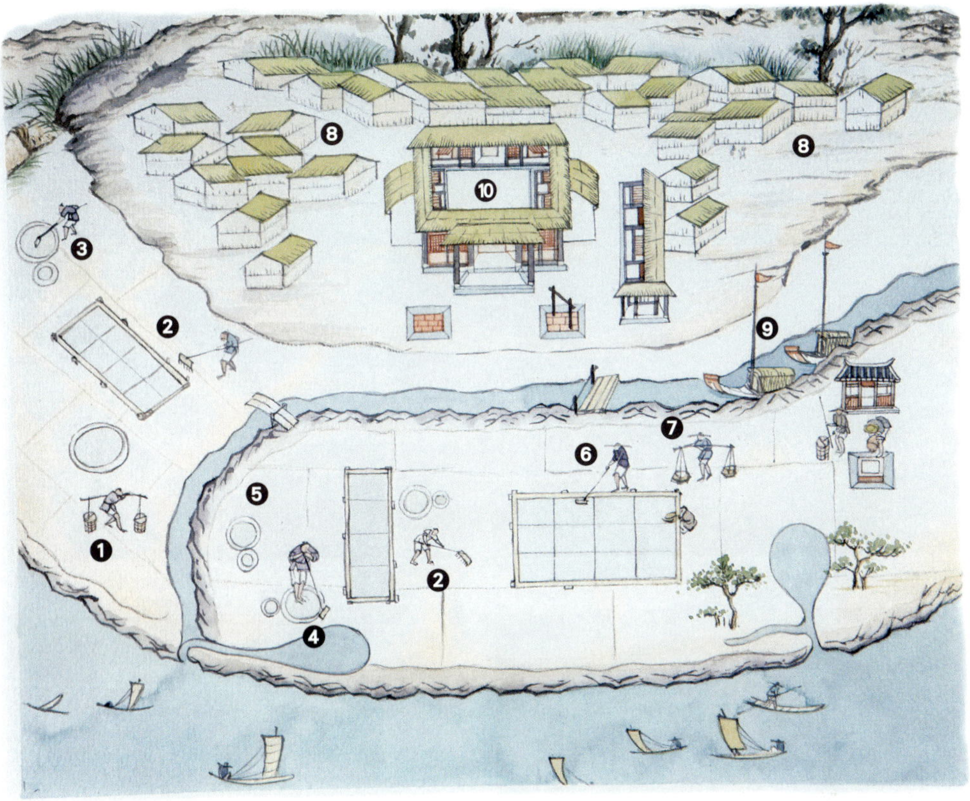

（本圖改繪自清代蔣元樞〈重修洲南鹽場圖說〉，布袋嘴文化協會提供）

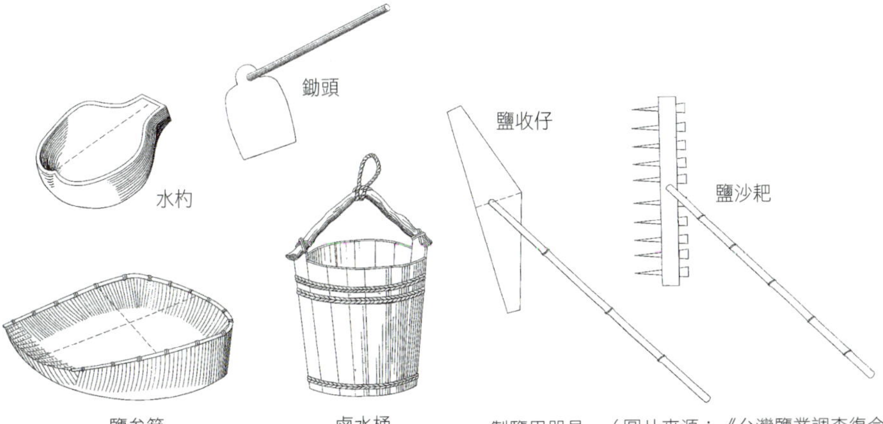

製鹽用器具。（圖片來源：《台灣鹽業調查復命書》）

晒鹵法產晒流程：

1.引海水入大蒸發池（1～5坵，逐坵蒸發越鹹）→**2.**小蒸發池（土坪）→**3.**鹵缸（鹹水溜池）→**4.**結晶池（埕格）晒鹽→**5.**收鹽

鹵缸是晒鹵法鹽田的特徵，圖為洲南鹽場剛重建時，老鹽工挑土整建鹵缸。

鹵缸圓弧造型可方便人力舀鹵。

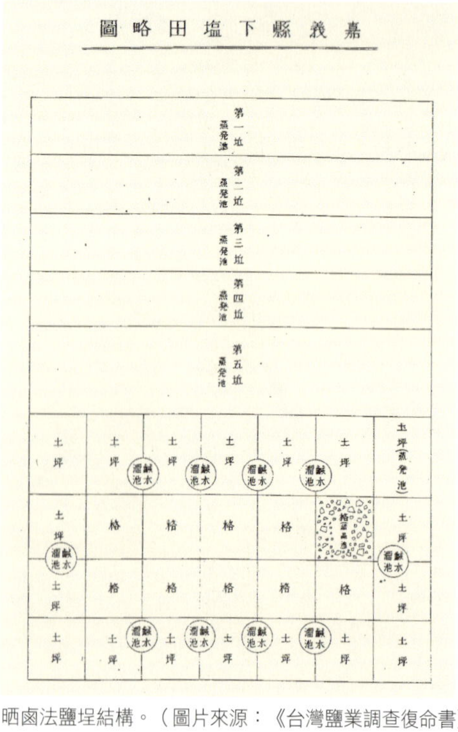

晒鹵法鹽埕結構。（圖片來源：《台灣鹽業調查復命書》）

日治殖民，從民眾集資到日本會社購併

一八九五年日本人從基隆澳底登陸台灣，進入台北城後，隨即成立「鹽政取調委員會」，調查清代台灣的鹽業運作；台灣總督府很快就公告「諭示」：人一日不可缺鹽，前清代鹽務官辦專賣容易舞弊，應予以廢止，食鹽自買自賣。

不料廢止鹽專賣，卻讓台灣原有的食鹽產銷網絡一夕崩解，導致鹽品求售無門、鹽民轉業、鹽田廢晒，食鹽反而需要從中國與日本輸入。總督府全面調查台灣鹽業狀況及謀求對策，一八九九年雙管齊下，同時公布《台灣食鹽專賣規則》重新建立專賣銷售體系，及《台灣鹽田規則》以政策與經費補助鼓勵闢建鹽田。

為什麼總督府治台初期要進行一連串的鹽業調查及改革政策？這當然與殖民政策及穩定政情有關。

瓦盤鹽田，欣欣向榮處處闢

在《台灣鹽專賣志》中，將總督府「始政」四十年的台灣鹽田闢建分為三期。第一期除了零星當地民眾申請闢設外，高雄地方仕紳陳中和與日籍資本家野崎武吉郎（申設地在嘉義布袋），以雄厚財力投資鹽田開闢，堪稱第一期的兩大主角。

第二、三期的特色是當地民眾集資申請開闢大面積鹽田。例如：布袋嘴的掌潭、新塭、好美寮及北門嶼王爺港等鹽田，另有北門宗族組織「陳桂記」、日資民間組織「大日本武德會」投入，高雄也出現中小企業型態的「烏樹林製鹽公司」，看起來似乎人人晒鹽都有機會。台灣鹽也開始輸出到日本、韓國、俄屬沿海州、香港與菲律賓等地。這時期也吸引台籍商紳投入鹽業，如辜顯榮開闢鹿港顏厝庄鹽田、陳中和投資高雄烏樹林庄鹽田、林熊徵價購北門蚵寮武德會鹽田等。究其原因，當時日資會社逐漸進入（甚至壟斷）台灣經濟產業，本土紳商階級需要尋找新的投資管道，總計一八九九至一九二三年間，闢建約二千三百甲瓦盤鹽田，連高雄紅毛港與屏東東港，都曾出現鹽田。

台鹽、南鹽、鍾淵，三大會社鼎立

一九一九年台、日集資二百五十萬日圓成立「台灣製鹽株式會社」，預告台灣鹽業即將進入資金更密集、更大規模面積的開發。原因是日本在第一次世界大戰間全力發展工業，急需台灣鹽的供應，專賣局提出一份「帝國鹽業政策」，以詳細的數據預估十年後，因人口增加及鹼氯化學工業持續發展的需求，台灣的鹽生產能力實為「天惠」。

一九三七年中日戰爭爆發，為

結晶池鋪設瓦片是台灣傳統鹽埕的重要特徵。

（插圖：布袋嘴文化協會提供）

有效獲取鹼氯工業所需用鹽，總督府專賣局接連發表「工業鹽增產計畫」及「鹽田擴大計畫」。一九三八年成立的「南日本鹽業株式會社」，資本額高達一千五百萬日圓，是台鹽會社的六倍；但受戰時物價高漲、運輸多阻、勞力不足等影響，最後南鹽會社在布袋、七股及高雄烏樹林等地，開闢土盤鹽田約四千甲。一九四一年，總督府專賣局以瓦盤鹽田管理「合理化」為由，讓台鹽會社「強制收購」各地瓦盤鹽田，獨家一元化經營。一九四二年，以一千萬日圓創設的「台灣鐘淵曹達工業株式會社」，收購台南安順媽祖宮一帶民有魚塭，自築附屬工業用土盤鹽田，隔年溴素工廠開工，並開始晒鹽，鹼氯工廠也部分完工。日治末期「台鹽」、「南鹽」及「鐘淵」三大會社，將台灣鹽田產晒三分天下，全台灣鹽田面積從日治初期約二百多甲，經過五十年的發展約七千甲，整整增加約三十倍，不僅改變了嘉義、台南、高雄沿海地景，也影響原有的社會經濟結構。

鹽田的地基——瓦盤與土盤

晒鹽需要大片土地來「淺滷薄晒」，以增加海水與陽光、海風接觸的表面積，提高蒸發效率；並從大、小蒸發池「分池逐格」一路往前流動，讓滷水越來越鹹；濃滷水集中到滷缸儲存後，再引到結晶池晒出白鹽。

清代以來，台灣傳統製鹽會在結晶池鋪設碎瓦片，「瓦盤鹽田」的優點是讓鹽與泥土隔絕，採收的鹽比較乾淨潔白；另一方面可以減少滷水滲漏，且瓦片吸收陽光輻射熱較強，蒸發作用快。「土盤鹽田」到日治末期才出現，是直接將結晶池底土滾壓結實來晒鹽，未鋪瓦片；南鹽等會社開闢的「土盤／工業鹽田」，每一副鹽田面積大、產量高、鹽粒結實、品質較好。

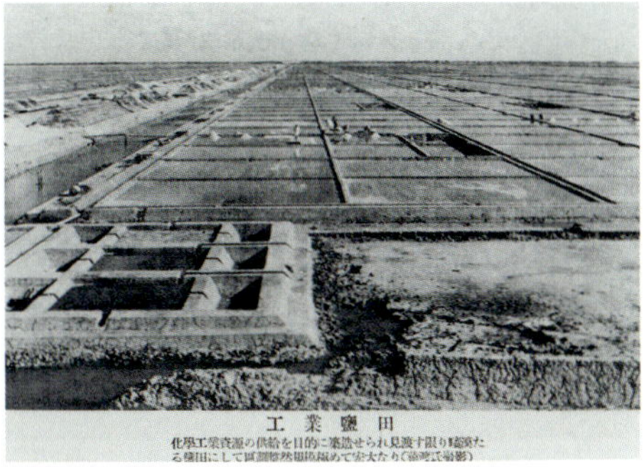

南鹽會社在布袋開闢如棋盤規劃的土盤鹽田。（圖片來源：《布袋食鹽專賣史》）

台灣目前復晒的文化鹽田都是瓦盤，如嘉義布袋洲南鹽場仍保留清代「傳統瓦盤」，大小蒸發池與結晶池結構很不規則；台南安順鹽田是日治初期引進整體規劃的「新式分副瓦盤」；北門井仔腳鹽田則是民國40年代改建的「集中式瓦盤」。

「新式分副瓦盤」的每一副標準規格配置為大蒸發池、小蒸發池、滷缸及結晶池；每一家戶鹽工獨立運作，採責任制／承攬／以收成量計資，鹽工類似自由業小包商。

「集中式瓦盤」則是將數副鹽田重新配置，大、小蒸發池及結晶池集合成三大區（因此井仔腳鹽田的結晶池，大約一百格集中一起）；鹽工每日依場務員指示分配各項工作，採出勤制／傭雇／領固定薪資，鹽工類似上班族。

不同鹽田結構，所衍生的勞動模式、勞資關係、工作節奏都不同，甚至鹽村的社會網絡與人際互動也跟著有所差異。

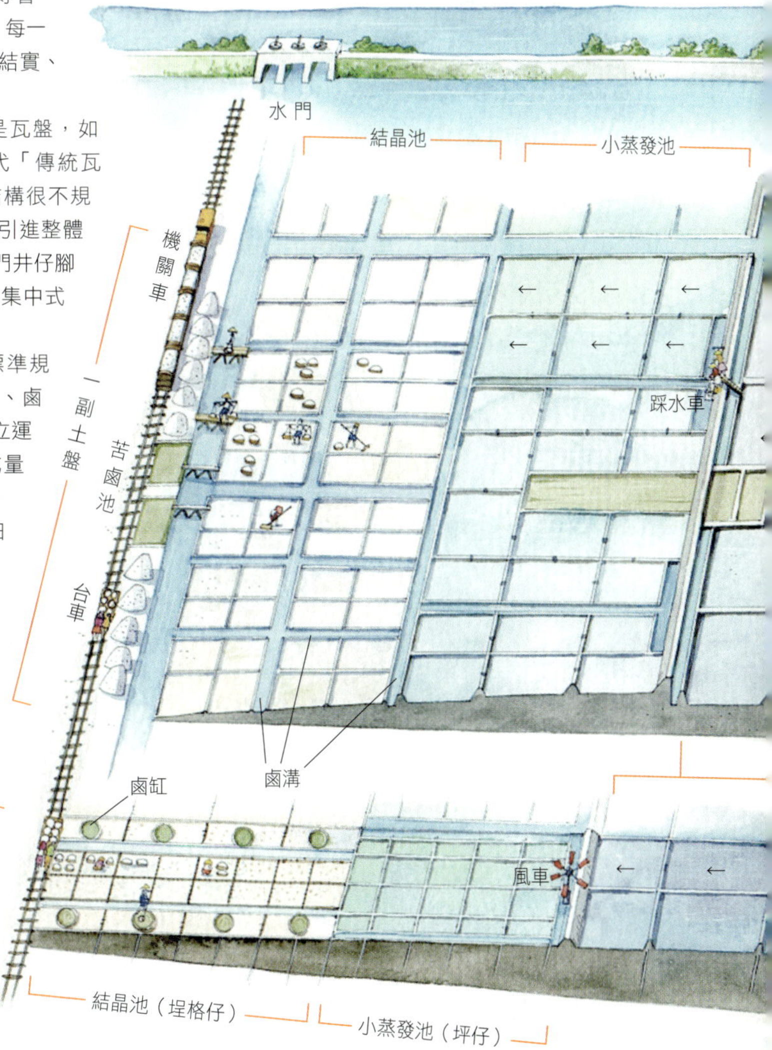

1905年鹽田勞動的景象，由右至左依序是以畚箕鏟鹽、肩挑鹵水、以鹽收仔推鹽成堆。（圖片來源：《台灣的製鹽業》）

以肩挑或推輕便車，送鹽到公堆或倉庫存放。（圖片來源：《台灣鹽專賣志》）

鹽收成後集運到大公堆放置。（圖片來源：《台灣鹽專賣志》）

鹽工挑鹽到倉庫，過磅計資後入倉收納。（圖片來源：《台灣鹽專賣志》）

工人肩扛鹽包上小帆船，再外運出去。（圖片來源：《台灣的製鹽業》）

這座「南日本化學工業株式會社」的北門溴素工廠，是以鹽結晶析出後的高濃度苦鹵為原料，生產溴素做為飛機燃油的穩定劑，此建物已登錄歷史建築。

戰後一搏，終是無鹽的結局

一九四五年日本戰敗，鹽業生產也因戰事及整體社會動盪而受到影響。台灣省行政長官公署轄下「台灣鹽務管理局」，接管日本（官方）總督府「專賣局」政務，並接收日人（民資）會社在台鹽業資產；鹽務政策管理與鹽田生產運作幾番更迭調整，直到一九五三年才塵埃落定，由財政部「同軌」管理鹽政及鹽業生產，全部收歸國營。

晒鹽是經濟生產，為什麼會歸財政部管理？其原因就在於「稅收」。

一九五三年立法院通過調整鹽稅稅率案，在當時「反攻大陸」的國家政策下，鹽業的發展與管理搖身一變成了財政部的「金雞母」，食鹽稅從原本每公擔新台幣三十六點二元，一口氣提升到一百六十三元，差距足足有四倍半。其驚人效果是，一九五四年度鹽稅達九千多萬元，占全國稅收百分之四點三（同年，所得稅占全國百分之十七點八）；另一個角度是，當年日晒鹽的躉售價，從生產工資到末售價，相差四十八倍，依法徵收的鹽稅堪稱國家暴利（力）。

放手一搏，新闢鹽灘與機械化

戰後「台灣製鹽總廠」設有鹿港、布袋、北門、七股、台南及高雄共六處鹽場，管理現場生產工作。由於晒鹽深受氣候影響，產量每年有高有低，一九六〇年代初期仍維持外銷，但台灣隨著經濟建設發展、工業用鹽量急速增加，一九六七年起停止大宗出口鹽；隔年因氣候導致鹽產歉收，驟減至歷史新低，政府首次准許廠商自行從國外進口；一九八〇年卻又因天氣太好，創下有史以來最高產量。

為了提升產量，台鹽規劃闢建新鹽灘。七股鹽場青鯤鯓第一、二工區鹽灘設計，採大面積分區集中式，因其特殊配置地景結構，又稱「扇形鹽田」，於一九七七年完工，是台灣最年輕、也是最後一處新闢的鹽田。另同時期規劃的布袋第三工區，則因場址內有一大片紅樹林，在地民眾因生態保育進行陳情抗爭，最後新闢鹽田未能完工。

以青鯤鯓扇形鹽田為造型的「生命之樹」裝置藝術已是網紅拍照景點。

人工收鹽流程

結晶池晒鹽需要付出體力勞動，晒鹽人在產季日日反覆「收鹽、畚鹽、挑鹽、上堆、整平」這五個動作，換來勤懇豐收的愉悅、滿足與收入。

收鹽 | 使用鹽收仔將鹽推成一堆。

畚鹽 | 彎腰畚鹽入鹽籃，成排。

挑鹽 | 肩頭挑鹽是最吃力的工作，還得來來回回走數十趟。

上堆 | 踩著木板挑上鹽堆，要有熟練的甩籃傾倒技巧。

整平 | 一層樓高的鹽堆，需要整理拍平。

鹽堆是鹽工們辛苦的收成，用編織草片或帆布覆蓋防雨。

機械化採收流程

一九八〇年代，台灣鹽業受到國際市場的競爭壓力、鹽村年輕人口流失，開始向國外取經引進收鹽機，以取代傳統人力。但受限台灣氣候條件，鹽層結晶經常不足標準厚度3-5公分，而常將底下黑泥一起刮收，品質與生產成本仍不敵國外進口鹽。

先以鏟鹽機將薄薄的白鹽刮起來，也會刮起大量底土，轉輸倒入運鹽平台車。

平台車將鹽送到堤岸邊，抬升車斗將鹽傾洩倒進大漏斗，再以輸送帶倒進大卡車。

最後再送到洗滌場清洗汙泥，洗滌場需要怪手、鏟裝機協作，才能將大鹽山堆高。

傳統晒鹽很費人力，將鹵水從地勢較低的大蒸發池揚高到小蒸發池，清代以來都是靠人工踩動水車。一九六〇年代初期，出現風力自動揚鹵機，台鹽以無息貸款鼓勵鹽工裝設風車，短短幾年內大約出現一千五百部，轉動了、也改變了台灣鹽田地景；但風車、水車揚鹵各有優缺點，到了一九六〇年代末期，台鹽開始建置電力抽水設施，在鹽田裡架設電杆與超過一百五十公里的電線，以更有效率的抽水馬達取代了風車。

一九八〇年台鹽派員到美、法、澳洲考察後，決定加速推動機械化鹽灘，邀請法國米第公司來台灣考察評估後，布袋、七股與台南各場為配合機械化採收，陸續動工改造鹽灘結構，台灣的鹽田地景從此有了全新的風貌；二千多名鹽工也因此被迫「自願」轉離業。但外國的月亮並沒有比較圓，因為台灣的氣候條件與法國不同，台鹽花了好幾年不斷改良「水土不服」的機械設備，但晒鹽品質與生產成本還是比不上進口鹽。

廢晒與台鹽民營化

為了改善食用鹽品質，台鹽從日本引進「離子交換膜電透析法」技術，通霄精鹽廠於一九七五年完成試車產鹽；此後精鹽取代粉碎洗滌鹽，成為台灣食用鹽的主流。而原有的布袋及北門兩處洗滌鹽工場，則進行廠房整修與更新設備，以滿足農、工業用鹽對品質的要求。

然而現實總是殘酷的，傳統晒鹽終究面臨一步步被淘汰，鹽田土地轉作其他開發用途。一九六四年「鹿港鹽場」因水道淤塞最早關場，部分鹽田轉為農田；接著台南鹽埕鹽田廢晒，土地做為住宅區及安平工業區；台南灣裡鹽田廢晒，現在是公園與住宅區；高雄烏樹林鹽田廢晒，賣給台

工人將鹽田堆地上的鹽，挑上小火車車廂。

鹽場也有五分車

日治末期鹽田出現機關車（軌距762公釐，俗稱小火車或五分仔車，糖業、林業、煤礦及阿里山鐵道等皆是）來運載鹽；戰後靠著美援經費，各場完成獨立的鹽業鐵道系統，後來增設軌道與台糖鐵道相接，再連接台鐵，形成「散裝鹽／三鐵聯運」系統。例如：布袋鹽場堆地的散裝鹽，鏟入車廂過磅後，交由糖鐵小火車頭拉送到新營太子宮；經專用高台卸轉入台鐵貨運車廂，一路奔行到高雄港13號專用碼頭出口。

小火車在鹽田裡奔馳超過半個世紀，七股鹽場實施鹽田機械化後，場內集運改用卡車；1995年最後一班運鹽小火車，在布袋鹽場功成身退，目前存放在七股鹽山的倉庫裡。

電興建火力發電廠；一九八七年「高雄鹽場」直接裁廢，土地讓售做為興達港基地。

為因應國內政經發展及世界潮流，台鹽開始積極展開民營化，

嘉義布袋龍宮溪南岸的鹽警槍樓與哨所，見證鹽警查緝鹽賊的歷史背景。

第一步就是將「台灣製鹽總廠」改制為「台鹽實業股份有限公司」；一九九六年台鹽公司與澳洲丹皮爾公司簽訂合資協議，成立「麥克勞湖鹽業公司」，直接從國外大量進口成本低廉的鹽，這項政策已預告傳統天日曬鹽早晚要走進歷史。

接著，「台南鹽場」裁廢，大片土地做為台南科技工業區，二〇〇〇年「北門鹽場」裁廢，隔年「布袋鹽場」也裁廢，台灣最後一批在業承攬鹽工一百八十人辦妥離業，傳統人工曬鹽終於畫上句點。二〇〇二年五月「七股鹽場」機械化鹽灘最後一次採收，台鹽全面關閉鹽場；隔一年，台鹽公司官股釋出、掛牌上市，成功轉型為民營企業；台鹽公司的英文名稱，後來也從「Taiwan Salt」改為直接音譯的「TAIYEN」，以面對更多元產品的市場挑戰。

二〇〇四年一月《鹽政條例》廢止，政府不再管制鹽品的產製與運銷，開放自由進出口貿易，價格也回歸市場機制，一般消費者終於可以買到台鹽以外的食鹽。到了二〇二三年進口粗鹽約二百七十七萬公噸，前三名進口國分別是澳洲、墨西哥、印度。

台灣鹽田廢曬後，布袋、北門、七股四千多公頃的土地釋出，任其荒廢或國土如何永續利用，成為時代的新課題。

七股鹽場辦公區是戰後六大鹽場唯一僅存、保持當年原貌，且仍由台鹽使用中。

廢晒之後，生命總會找到新的出路

二〇〇二年七股鹽場機械化鹽灘最後一次採收，當時的台南縣政府與台鹽公司在七股鹽山，聯合舉辦「再會吧！咱的鹽田——告別台灣晒鹽三三八年」紀念活動。

在這一場台灣鹽業的「告別式」上，難免帶著遺憾、不捨的心情，畢竟三百多年來的「白金歲月」，築起了許多鹽村聚落，不管是在鹽田裡勞動的鹽工和家人，台鹽公司的場務員、各種技術人員及管理幹部，甚至是運輸、工程、機械、日常生活所需等周邊相關產業——鹽，鹹鹹的養活了成千上萬的人。

多元的台灣鹽業文化再現

在廢晒當時，確實沒有人能想像下一個十年、二十年，台灣的鹽業文化記憶將如何被多元再現？更無法想像，現在竟然有四處文化鹽田復晒。

其實台鹽早在廢晒前幾年，就開始籌建鹽業博物館，收集各種檔案、物件，甚至做了口述歷史影音紀錄，對象從總經理到各相關從業人員；二〇〇五年台灣鹽博物館終於開幕。

二〇〇三年幾件重要事情發生：當時的文建會委外進行「台鹽實業股份有限公司文化資產清查」；雲嘉南濱海國家風景區管理處在這一年成立，鹽業地景與產業文化被視為發展重點；北門井仔腳鹽田在台南縣政府的積極推動下，開始復晒並摸索創新之路；南寮的鹽田生態文化村也在這一年復晒，後來成立的台江國家公園管理處，在此投入許多經費支持。

二〇〇六年，北門舊埕及七股台灣鹽樂活村兩處鹽田同時復晒，可惜無法持續經營；二〇〇八年，布袋洲南鹽場整建復晒，致力發展以鹽業文化為核心價值的環境教育，同時也希望透過多元化的鹽商品，讓台灣日晒海鹽重新回到家常餐桌；金門的西園鹽場在經過整理文獻、口述及整建新鹽田後，文化館於二〇〇九年開始營運。

井仔腳鹽田的結晶池裡堆起小鹽堆，成為網紅拍照景點。

鹽田變溼地，國土利用的新可能

台鹽廢晒，前後釋出四千多公頃的鹽田，這些土地該怎麼「再利用」

呢？這個廢晒當時的大哉問，人們難以回答，大自然卻悄悄給了答案：晒鹽人離開，萬物生命就回來了！

廢晒後的鹽田，海水進出、雨水下來，陽光蒸發、海風吹拂，草木亂長、魚蝦樂游，環境生態持續自然演化，成了冬季候鳥的天堂；其中最受矚目的是明星保育鳥種黑面琵鷺，成群結隊在廢鹽田裡覓食、棲息。二〇一一年政府評選國家重要溼地，其中「國家級」的有布袋及七股鹽田溼地；「地方級」溼地有高雄永安鹽田及茄萣（原竹滬鹽田）兩處。

保育團體推廣鹽田的溼地生態價值，倡議保留各處廢鹽田做為「生態棲島」，提供冬候鳥過境時「跳島式」停留；同時也引入國際重視的「明智利用」概念，建議將廢鹽田營造成「溼地糧倉」，未來能讓當地民眾可以在非候鳥季，進入廢鹽田從事低度干擾的海菜及漁蝦貝蟹採集。然而國土利用標的，不只是生態價值；嘉義縣將多處廢鹽田改為滯洪池，也興建溼地公園提供民眾休憩。另外，行政院於二〇一六年核定「太陽光電推動計畫」，經盤點國內鹽業用地，排除國家級重要濕地、環境生態敏感區域，篩選嘉義、台南約八百公頃廢鹽田來發展太陽能光電，並要求開發廠商必須善盡生態監測等社會責任。布袋有幾處未劃入溼地保護區的鹽田，由高雄鳥會與在地夥伴以「布袋五鹽田」之名認養，顧守三百四十三公頃全台度冬水鳥最多的區域；依「台灣新年數鳥嘉年華」活動統計，歷年來

黑面琵鷺在廢鹽田裡覓食休息，背景建築是鹽警槍樓碉堡。

「布袋五鹽田」志工夥伴經常舉辦導覽，帶領民眾認識鹽田溼地；並以工作假期進行棲地維護整理。

布袋鹽田每年冬季水鳥數量可達三、四萬隻，數量居所有樣區之冠，這裡也是國際鳥盟認定的重要野鳥棲地。

迎向全世界，台灣鹽並不孤單

當我們放眼國際，會發現「傳統」手工鹽業的「當代」困境，並不是台灣獨有的難題，各國案例可以做為我們參考的借鏡。例如：法國布列塔尼半島葛宏得（Guerande）鹽田的「鹽之花（fleur de sel）」能聞名世界，其實是因為傳統鹽田衰微，當地製鹽業者花了許多心力，才重新創造出來的市場與品牌形象。

日本石川縣珠洲市被登錄為國家重要無形文化財的「奧能登鹽田」，是碩果僅存的「揚濱式」製鹽工藝；兵庫縣赤穗市立科學館中的「鹽之國」，再現了「入濱式」鹽田的產製過程，遊客購票入場就會獲贈一小包該館自產的鹽，館內展示日本的晒鹽技術與歷史等主題，體驗教室裡還有煮鹽活動。

韓國全羅南道的太平鹽田，被列為近代文化遺產及生物圈保護區，這裡設有鹽博物館，可以了解及體驗天日鹽的製作生產過程，園區內的生態資源也相當豐富。

在聯合國登錄的世界遺產中有兩處鹽礦。一是波蘭的維利奇卡（Wieliczka）鹽礦，從十三世紀就開始採鹽礦，目前已停產；這座鹽礦地下共分九層、三百多公尺深，坑道總長約三百公里，交錯綜橫宛如地下迷宮，鹽礦中有房間、禮拜堂和地下湖泊等。另一處是法國的阿爾克－塞南皇家鹽場（Royal Saltworks at Arc-et-Senans），該棟建築是在一七七五年建造，而延伸指定的薩蘭萊班大鹽場至少有一千二百年的歷史，直至一九六五年才停產，反映了法國生產鹽的歷史。

美國舊金山南灣是西岸最大的感潮河口三角洲，這裡自古就是美洲原住民採鹽的場所，曾經是北美西岸最大的鹽場；南灣是東太平洋區候鳥遷徙路線上的重要棲息地，富含多樣的濕地生態系統和珍貴物種，是美國第一個、也是最大的都市野生動物保護區；二〇〇三年加州政府進行大規模的南灣鹽田復育計畫，將大片停產鹽田改為感潮鹽沼，博物館裡述說著當地製鹽歷史與環境保育的故事。

（文・蔡炅樵）

台灣鹽業大事記

西元	歷史紀元	重大事件
1648	永曆2年	●《熱蘭遮城日誌》記載，自中國運來20擔碎石要闢鹽埕
1665	永曆19年	●陳永華擴建瀨口鹽埕（淋鹵法，官方引進）
1726	雍正4年	●頒行鹽制，官方志書首次出現洲南、洲北、瀨南、瀨北四大鹽場名稱
1756	乾隆21年	●新闢瀨東場、瀨西場
1786	乾隆51年	●林爽文事件，焚搶全台鹽場存鹽14萬石
1824	道光4年	●第三代洲南場新闢，增設水埕及鹵缸（晒鹵法，結構完備）
日治		
1895	明治28年	●成立「鹽政取調委員會」，總督府「諭示」廢止清朝專賣制度
1899	明治32年	●公布「台灣食鹽專賣規則」及「台灣鹽田規則」，鼓勵生產與健全銷售
1900	明治33年	●台灣食鹽首次輸日
1914	大正3年	●**今鹽埕區鹽田，因高雄港闢建而廢晒**
1919	大正8年	●台灣製鹽株式會社創立，台灣鹽業進入資本密集開發
1928	昭和3年	●**台灣最後一處淋鹵式鹽田（新竹油車港）廢晒**
1936	昭和11年	●專賣局設四處粉碎洗滌鹽工場，成為台灣食用鹽主流
1938	昭和13年	●南日本鹽業株式會社創立，嘉南高沿海闢建4千甲鹽田
1941	昭和16年	●專賣局以「合理化」為由，讓台鹽會社併購全台各地瓦盤鹽田
1942	昭和17年	●鐘淵曹達工業株式會社創立，發展氯鹼化學工業

日治時期台南安平的鹽田風光。（圖片來源：《望鄉安平》）

西元	歷史紀元	重大事件
戰後		
1946	民國35年	●行政長官公署成立台灣鹽務管理局，並接收日資製鹽會社
1947	民國36年	●「鹽政條例」公布
1949	民國38年	●「鹽稅計徵條例」公布
1964	民國53年	●**鹿港鹽場裁廢**
1968	民國57年	●首次核准廠商進口外鹽
1971	民國60年	●**台南鹽埕鹽田廢晒**，做為住宅區及工業區
1972	民國61年	●**台南灣裡鹽田廢晒**，現為公園及住宅
1975	民國64年	●通霄精鹽廠完工，精鹽上市
1977	民國66年	●廢止「鹽稅計徵條例」，取消鹽稅 ●七股第一、二工區完成開晒，戰後唯一新闢鹽田
1983	民國72年	●配合實施鹽灘機械化，2千多位鹽工轉離業
1984	民國73年	●法國米第公司收鹽機於布袋鹽場試驗操作
1985	民國74年	●**高雄永安烏樹林鹽田廢晒**
1987	民國76年	●**高雄鹽場裁廢**
1995	民國84年	●台灣製鹽總廠改制為台鹽實業股份有限公司，積極進行民營化
1996	民國85年	●台鹽與澳洲丹皮爾公司簽訂「麥克勞湖鹽業公司」投資協議 ●**台南鹽場裁廢**，土地做為台南科技工業區
2000	民國89年	●**北門鹽場裁廢**
2001	民國90年	●**布袋鹽場裁廢** ●布袋、北門及七股在業承攬鹽工180人辦妥離業，傳統人工晒鹽結束
2002	民國91年	●**七股鹽場最後一次收鹽，台灣天日晒鹽走入歷史**
2003	民國92年	●台鹽公司正式掛牌上市，完成民營化 ●雲嘉南濱海國家風景區管理處成立，鹽業地景受重視 ●**北門井仔腳及南寮安順鹽田，復晒**
2004	民國93年	●「鹽政條例」廢止，鹽品市場完全自由化
2005	民國94年	●台灣鹽博物館正式開幕
2008	民國97年	●**布袋洲南鹽場復晒**
2009	民國98年	●**金門西園鹽場文化館開幕，復晒**
2011	民國100年	●評選布袋、七股鹽田為國家級溼地，高雄永安及竹滬鹽田為地方級溼地

台灣製鹽白金地圖

◆通霄台鹽精鹽廠 P.154
◆金門西園鹽場 P.124
◆鹿港浦田竹鹽 P.148
◆布袋洲南鹽場 P.102
◆北門井仔腳鹽田 P.110
◆長濱手炒海鹽 P.130
◆綠島珊瑚海鹽舖 P.142
◆七股台鹽鹽山 P.156
◆安南安順鹽田 P.118
◆車城鹽窟仔取鹽 P.136

參考書目

台灣鹽業史

《臺灣鹽業調查復命書》林庸介，農商務省水產調查所，1898。

《台灣的製鹽業》，臺灣總督府專賣局，1905。

《臺灣鹽專賣志》松下芳三郎，臺灣日日新報社，1925。

《布袋食鹽專賣史》石永久熊，臺灣總督府專賣局，1943。

《臺灣鹽業史》張繡文，臺灣銀行經濟研究室，1955。

《臺灣研究彙集第21輯》盧嘉興，1981。

《中國鹽政實錄》第六輯，經濟部，1987。

《望鄉安平》安平會編著、王清溪翻譯，安平文教基金會，2002。

《白金歲月臺灣鹽》蔡炅樵，文建會，2005。

〈臺灣鹽業史另一張〉《歷史月刊》235期，翁佳音，2007。

《臺灣．鹽》蔡炅樵等，雲嘉南濱海國家風景區管理處，2009。

《大臺南鹽業》蔡炅樵，台南市政府，2013。

飲食文化

《鹽：人與自然的動人交會》Mark Kurlansky著，石芳瑜譯，藍鯨出版，2002。

《歐陸傳奇食材》林裕森，積木文化，2017。

《鹽油酸熱》Samin Nosrat著，黃宜貞譯，積木文化，2021。

《鹽的魔法料理》奧田政行著，謝晴譯，積木文化，2013。

《日本與世界的鹽圖鑑》青山志穗著，童小芳譯，台灣東販，2023。

《料理的科學》Guy Crosby, The Editors of America's Test Kitchen著，
陳維真、張簡守展等譯，大寫出版，2023。

圖片來源

封面圖片攝影

主圖：李明宜

正封小圖：布袋嘴文化協會(1)、羅沛德(2,4,5,6)、蔡炅樵(3)、劉若孅(7)

封底小圖：羅沛德(1,2,7)、蔡炅樵 (3,4,5,6)

序號由上而下

目錄

蔡炅樵攝影：p2-4

輯一

符書銘提供：p21、p22

其他皆為蔡炅樵攝影或布袋嘴文化協會提供

輯二

劉若孅提供：p52、p53上、p54

陳志東提供：p67、p74

李明宜攝影：p93、p94全、p96

橘之鄉提供：p90、p91、p95

其他皆為羅沛德攝影

輯三

林嘉琪攝影：p102右

黃文博提供：p114

高彤提供：p126左上

陳村榮提供：p148

其他皆為蔡炅樵攝影或布袋嘴文化協會提供

輯四

羅沛德攝影：p160、p163、p165、p169、p170、p172全、p174、p175全、p176-181全

蔡炅樵攝影或布袋嘴文化協會提供：p162右上、p164、p167全、p168全

陳靜宜攝影：p162左上、p196全、p199全、p201、p202下、p205右上、p206-210全

阿霞飯店提供：p162左下、p171

藍大誠提供：p182-187全

葉怡蘭提供：p188-193全

王嘉平提供：p194、p198

湯仲鴻提供：p200、p202上二張、p205左上&下二張

台北晶華酒店提供：p162右下、p211

附錄

邱彩綢提供：p232、p233

其他皆為蔡炅樵攝影或布袋嘴文化協會提供

老照片 | 皆為蔡炅樵翻拍提供

《中國鹽政實錄第六輯》：p31上

《台灣鹽業調查復命書》：p220、p221、p222

《布袋食鹽專賣史》：p225

《台灣鹽專賣志》：p226

《台灣的製鹽業》：p226

《望鄉安平》：p234

THANK YOU

感謝名單｜**蔡炅樵與沈錳美**

特別感謝／洲南鹽場土地公

嘉義縣文化觀光局／張世杰科長，承辦／鄭晴文、宋芬、楊士豪

台灣文創發展基金會副執行長／葉益青

洲南鹽場重建天使／鍾永豐、蔡嫦美、蔡福昌

洲南鹽場復晒老鹽工／蕭榮祥、蔡清江、蔡麗泉、王新琋、蕭豐亨

洲南鹽場志工及好朋友／鄭肇祺、蔡坤龍、謝孟哲、邱彩綢、楊馥如

雲林科技大學文化資產維護學系／林崇熙教授、楊凱成副教授

感謝名單｜**林嘉琪**

我的媽媽蔡淑儀、先生羅沛德

產地作家／陳志東

食材專家／徐仲

獨立記者／林春旭

獨立攝影／李明宜

瓏山林蘇澳冷熱泉度假飯店公關經理／王柏堯Marcos Wang

離島出版總編輯／何欣潔

協力採訪單位

深耕文化工作坊

瓏山林蘇澳冷熱泉度假飯店

東和食品工業股份有限公司

澎湖縣湖西鄉湖東社區發展協會

舞嗨Wohay

金門獅黃鹽鄉文化發展協會及導覽志工

台東成功鎮部落青年文化復振協會

鹽選島滋味

Taiwan Style 90

7 種鹽漬風土物產×8 位職人用鹽心法×10 處鹽場在地故事

指導單位｜嘉義縣政府
出版｜嘉義縣文化觀光局
發行人｜翁章梁、徐佩鈴
撰文｜蔡炅樵、林嘉琪、沈鎰美、陳靜宜
攝影｜蔡炅樵、羅沛德、陳靜宜、林嘉琪
編審｜嘉義縣文化觀光局
企劃督導｜宗金蘋、陳峰武、張世杰
行政企劃｜蔡孟珊、鄭晴文

製作發行｜遠流出版事業股份有限公司
發 行 人｜王榮文
編輯製作｜台灣館
總 編 輯｜黃靜宜
執行主編｜張尊禎
美術設計｜張小珊
行銷企劃｜沈嘉悅

地址｜104005台北市中山北路一段11號13樓
電話｜（02）25710297 傳真｜（02）25710197 劃撥帳號｜0189456-1
著作權顧問｜蕭雄淋律師
輸出印刷｜中原造像股份有限公司
2024年9月1日初版一刷

定價450元（若有缺頁破損，請寄回更換）

ISBN｜978-626-7419-37-3
GPN｜1011300960

YLib.com 遠流博識網 http://www.ylib.com Email｜ylib@ylib.com
遠流粉絲團 http://www.facebook.com/ylibfans

國家圖書館出版品預行編目(CIP)資料

鹽選島滋味：7種鹽漬風土物產×8位職人用鹽心法×10處鹽場在地故事 / 蔡炅樵, 林嘉琪, 沈鎰美, 陳靜宜作. -- 初版. -- 嘉義縣太保市：嘉義縣文化觀光局, 2024.09
面； 公分. --（Taiwan style；90）
ISBN 978-626-7419-37-3(平裝)

1.CST: 鹽 2.CST: 鹽田 3.CST: 鹽業 4.CST: 臺灣

481.9 113010848